有值二叉树

侯业勤 著

U0343277

科学出版社

北京

内 容 简 介

　　本书讨论完整二叉树的结构特征, 以及完整二叉树在四个元素的有限集合上、特定约束条件下的解空间与其表示法、性质、节点间值对应模式、节点间值的数量关系, 定义最简解向量表的变换、最简值树的变换与值树的剪枝, 并证明变换和剪枝的终结条件.

　　本书可供对图论感兴趣的学生、研究人员阅读.

图书在版编目(CIP)数据

有值二叉树/侯业勤著. —北京: 科学出版社, 2015.9
ISBN 978-7-03-045905-3

Ⅰ. ①有… Ⅱ. ①侯… Ⅲ. ①数据结构 Ⅳ. ①TP311.12

中国版本图书馆 CIP 数据核字(2015) 第 237389 号

责任编辑: 李 欣 赵彦超/责任校对: 张凤琴
责任印制: 徐晓晨/封面设计: 陈 敬

科 学 出 版 社 出版
北京东黄城根北街 16 号
邮政编码: 100717
http://www.sciencep.com

北京厚诚则铭印刷科技有限公司 印刷
科学出版社发行　　各地新华书店经销

*

2015 年 10 月第 一 版　　开本: 720 × 1000 B5
2016 年 4 月第二次印刷　　印张: 10 3/4
字数: 214 000

定价: 68.00 元
(如有印装质量问题, 我社负责调换)

前　言

作者在上学的时候对图论有很大的兴趣, 对一些图论问题进行了思考. 工作后, 事务繁忙, 只能偶尔把这些问题作为消遣自得其乐. 退休后, 将以前的笔记整理集结, 觉得还有点意思, 遂有成书之念.

本书讨论完整的二叉树的结构, 以及它的节点在一个四元素有限集合上取值构成的向量空间. 讨论特定约束条件下解空间的表示法、性质、值对应模式、值数关系; 定义解向量表的变换、值树的变换和值树的剪枝.

第 1 章讨论完整二叉树的结构, 包括完整二叉树的基本模块、基本模块的种类、完整二叉树中基本模块的连接方式、完整二叉树的顺序化、投影顺序下的完整二叉树节点的相邻、单枝和多枝二叉树、多枝二叉树的分解.

第 2 章讨论完整二叉树节点的取值, 其中涉及值的集合及运算、节点取值的约束条件、二叉树的基本模块的赋值、完整二叉树的解向量, 以及解向量的数量.

第 3 章讨论二叉树解空间的表示法, 有列表法、值树法、值树的浓缩图法、值树的拆分图法、算子表达式法、cyclic 表达式法, 并给出各种表示法的实际例子.

第 4 章指出解向量空间的若干性质, 它们是值树形状雷同及对称、层向量的分量对、层向量的对称反值、层向量的值数等, 以及二叉树基本模块的值对应模式、二叉树的值对应模式和值对应模式的推演.

第 5 章详细讨论一个层向量中同值分量的个数, 以及一个层向量的同一个值的分量与另一个层向量中各个值的分量对应的数量关系, 并推导出二叉树两个节点层向量间值的数量关系的公式——值数公式.

第 6 章定义最简解向量, 从约束条件出发, 指出二叉树的非叶节点的值都可由部分叶节点值相加来表达, 因而二叉树的解向量中只保留叶节点的值就够了, 从而构成最简解向量表和最简值树.

第 7 章定义最简解向量表或最简值树的两种变换. 第一种变换是它们的解向量表生成器或值树的生成器的逆变换, 结果是把最简解向量表或最简值树变换成只包含一个层向量 (1, 2, 3) 的表或树. 当变换遍历了生成器的约束条件集合时, 就完成了第一种变换. 第二种变换不是生成器的逆变换, 它的变换运算集合是共生的另一棵二叉树的解向量表 (或值树) 生成器的约束条件集合. 本章指出第二种变换可遍历这个约束条件集合, 并且在遍历这个约束条件集合结束时, 可把最简解向量表或最简值树变换成只包含一个层向量 (1, 2, 3) 的表或树. 本章还讨论值树的剪枝,以第二种变换为基础的剪枝可求出共生的两棵二叉树的公共解向量.

　　在验证本书给出的算法和生成解向量表时, 使用了高级工程师张菁女士编写的源代码, 在此表示感谢.

　　作者知识有限, 成书仓促, 书中难免有不妥之处, 望读者指正.

作　者

2015 年 5 月 6 日

目　　录

第1章 二 叉 树

1.1 完整二叉树

完整二叉树 T 是所有非叶节点都有两个分支的二叉树. 设 Rt 是 T 的根节点, $L_i(i=1,2,\cdots,m)$ 是 T 的叶节点, $A_j(j=1,2,\cdots,n)$ 是 T 的权节点, 如图 1.1.1 所示. 本书以后提到的 "二叉树", 若不加特别修饰词均指 "完整二叉树".

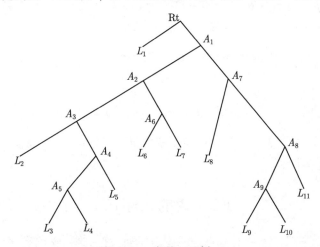

图 1.1.1 完整二叉树 A

完整二叉树是由图 1.1.2 中的基本模块 (简称模块) 相互连接产生的, 基本模块可用三元组表示: (N_F, N_L, N_R). N_F 称父节点, 它可以是权节点或根节点, N_L 和 N_R 是父节点的左右子节点, 相互间称兄弟节点, 它们可以是权节点或叶节点. 基本模块可记为: $\triangle N_F N_L N_R, \triangle N_F$ 或 $\triangle$.

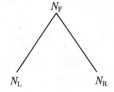

图 1.1.2 完整二叉树的基本模块

基本模块有三种:

(1) 两个子节点都是叶节点, 为末梢模块(或称末梢子树), 如树 A 中的 $\triangle A_5$, $\triangle A_6$, $\triangle A_9$.

(2) 一子节点是权节点、另一个是叶节点, 为单边模块, 如树 A 中的 $\triangle \mathrm{Rt}$, $\triangle A_3$, $\triangle A_4$, $\triangle A_7$, $\triangle A_8$.

(3) 两个子节点都是权节点, 为全权模块, 如树 A 中的 $\triangle A_1$, $\triangle A_2$.

显然, 一棵完整二叉树的基本模块个数等于权节点数加根节点数.

定理 1.1　设完整二叉树 T 的叶、权、根节点数分别是 m, n, r, 则 $m = n + r + 1$.

对于完整二叉树 T, 根节点度数为 $\deg(\mathrm{Rt}) = 2$, 每个叶节点度数为 $\deg(L_i) = 1$, 每个权节点度数为 $\deg(A_j) = 3$, 完整二叉树的节点总度数为 $\deg(T) = \deg(\mathrm{Rt}) + \sum \deg(L_i) + \sum \deg(A_j)$. 其中 $i = 1, \cdots, m, j = 1, \cdots, n$. 因此, $\deg(T) = 2 \times r + m + 3 \times n$. 而 q 条边的图 G 的节点总度数为 $\deg(G) = 2 \times q$. 当 G 是 (p, q) 树, 则 $q = p - 1, p = m + n + r$, 所以树图的节点总度数为

$$\deg(G) = 2 \times (p - 1) = 2 \times (m + n + r - 1).$$

因此有

$$\deg(T) = 2 \times r + m + 3 \times n = 2 \times (m + n + r - 1) = \deg(G).$$

因而, $m = n + 2$. 即完整二叉树的叶节点数为权节点数加 2, 而根节点数 $r = 1$, 所以有 $m = n + r + 1$.

1.2　树的顺序化

按一定的规则把二叉树各节点排成一个序列, 称为把二叉树顺序化. 任何树都可顺序化.

树 A 按前序左枝优先规则可排成下面顺序 (粗体是叶节点, 下同):

Rt, $\boldsymbol{L_1}$, A_1, A_2, A_3, $\boldsymbol{L_2}$, A_4, A_5, $\boldsymbol{L_3}$, $\boldsymbol{L_4}$, $\boldsymbol{L_5}$, A_6, $\boldsymbol{L_6}$, $\boldsymbol{L_7}$, A_7, $\boldsymbol{L_8}$, A_8, A_9, $\boldsymbol{L_9}$, $\boldsymbol{L_{10}}$, $\boldsymbol{L_{11}}$.

树 A 按后序左枝优先规则可排成下面顺序:

$\boldsymbol{L_1}$, $\boldsymbol{L_2}$, $\boldsymbol{L_3}$, $\boldsymbol{L_4}$, A_5, $\boldsymbol{L_5}$, A_4, A_3, $\boldsymbol{L_6}$, $\boldsymbol{L_7}$, A_6, A_2, $\boldsymbol{L_8}$, $\boldsymbol{L_9}$, $\boldsymbol{L_{10}}$, A_9, $\boldsymbol{L_{11}}$, A_8, A_7, A_1, Rt.

在这两种方法排序中, 叶节点保持了它们之间的先后关系.

可以想象, 把树画在平面上, 保持树的结构而伸缩树枝, 把所有叶节点按树生长方向无阻碍地 (不穿过树枝) 投影到与树生长方向垂直的一条直线上 (图 1.2.1), 形成叶节点的一个顺序, 称为 "投影顺序". 可以看出, "投影顺序" 和上述的排序中的叶节点顺序是相同的.

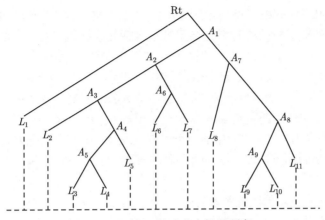

图 1.2.1 树 A 的叶节点投影顺序

在这条水平线上的投影点相邻的叶节点称为 "相邻叶节点". 在图 1.2.1 中, L_1L_2, L_2L_3, L_3L_4, L_4L_5, L_5L_6, L_6L_7, L_7L_8, L_8L_9, L_9L_{10}, $L_{10}L_{11}$ 是相邻叶节点.

同样, 也可把二叉树的基本模块排列成一个序列. 以图 1.1.1 的树 A 为例, 按前序左优先可排列成 $\triangle\text{Rt}$, $\triangle A_1$, $\triangle A_2$, $\triangle A_3$, $\triangle A_4$, $\triangle A_5$, $\triangle A_6$, $\triangle A_7$, $\triangle A_8$, $\triangle A_9$.

1.3 节点的相邻

1.3.1 叶节点的相邻

完整二叉树中, 相邻叶节点间可能的四种位置关系如图 1.3.1 所示.

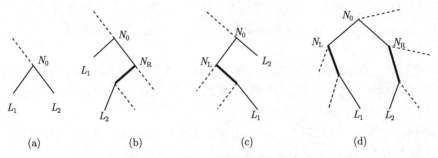

图 1.3.1 相邻叶节点间的位置关系

图 1.3.1 中 L_1, L_2 是相邻叶节点, 在投影顺序中 L_1 在 L_2 左边. 虚线表示二叉树的其他部分, 粗线表示 0 到多个权节点枝首尾相连. N_0 是两个叶节点所处的共同最小子树的根节点. N_L 与 N_R 是子树根节点 N_0 的左右子节点.

二叉树子树是指以二叉树的一个非叶节点为根节点的二叉树的一部分. 它包括沿二叉树的生长方向与该非叶节点有路径连通的所有节点.

子树以其根节点或根节点加方括号命名, 以二叉树 A 为例, 如子树 A_4 或 $[A_4]$; 必要时按前序列出子树的所有节点名用方括号括起来标识子树, 节点名用逗号分隔, 如 $[A_4, A_5, L_3, L_4, L_5]$, 从而明确子树的范围; 或按顺序列出所有上级子树及本子树的根节点名用方括号括起来标识子树, 方括号中根节点名用连词符分隔, 如 $[A_1\text{-}A_2\text{-}A_3\text{-}A_4]$, 从而精确定位子树, 方括号中节点名的数量表示子树的级数.

设二叉树上的任意两节点 a, b 在同一棵子树 T_i 上, 节点 T_i 有父节点 T_p, 则 a, b 一定同在子树 T_p 上; T_s 是 T_i 的一个子节点, a, b 不一定同在子树 T_s 上. 若 a, b 同在 T_i 上, 但不同在子树 T_s 上, 也不同不在子树 T_s 上, 则 T_i 为 a, b 的共同最小子树.

图 1.3.1 中 L_1, L_2 的位置关系有:

(1) L_1 是左节点, L_2 是右节点.

(2) L_1 和 L_2 都是左节点, L_2 与 N_R 之间 (粗线所示) 可有 0 到多个左权节点.

(3) L_1 和 L_2 都是右节点, L_1 与 N_L 之间 (粗线所示) 可有 0 到多个右权节点.

(4) L_1 是右节点, L_2 是左节点, L_1 与 N_L 之间 (粗线所示) 可有 0 到多个右权节点, L_2 与 N_R 之间 (粗线所示) 可有 0 到多个左权节点.

从图 1.3.1 中容易看出, 除了情况 (1), 相邻的两个叶节点不在同一个基本模块内.

1.3.2   权节点的相邻

一个权节点 N 是一棵子树的根, 该子树的全部叶节点 $L_1, L_2, \cdots, L_i, \cdots, L_N$ 称为该权节点的叶节点集合, 或称这些叶节点属于该权节点, 记作 $L_i \in N$. 按投影顺序, 两端的叶节点称为该权节点的边缘叶节点. 例如, 树 A 中的权节点 A_3 是子树 $[A_3, L_2, A_4, A_5, L_3, L_4, L_5]$ 的根节点, 叶节点 L_2, L_3, L_4, L_5 构成 A_3 的叶节点集合, 叶节点 L_2、L_5 是 A_3 的边缘叶节点.

一个权节点的边缘叶节点若与一个不属于该权节点的叶节点 L_s 相邻, 则称叶节点 L_s 和该权节点相邻. 树 A 中, 叶节点 L_1, L_6 不属于 A_3, 而 L_1 与 L_2 相邻、L_6 与 L_5 相邻, 故 L_1, L_6 与 A_3 相邻.

两个权节点 A 和 B, 若 A 的叶节点集合包含 B 的叶节点集合, 则称权节点 A 包含权节点 B. 记为 $A \supset B$ 或 $B \subset A$. 在树 A 中, A_4 的叶节点集合为 L_3, L_4, L_5, 是 A_3 叶节点集合的子集, 故 $A_3 \supset A_4$.

两个互不包含的权节点, 若它们的边缘叶节点相邻, 则称这两个权节点是相邻的. 在树 A 中, A_3 与 A_6, A_4 与 A_6 互不包含, 且 L_5 与 L_6 相邻, 故 A_3 与 A_6, A_4 与 A_6 是相邻的权节点.

若两个权节点 A 和 B 互不包含, 但 A 与 B 有公共的叶节点, 则称 A, B 两个权节点相交. 在同一棵树中不存在相交的权节点.

本节的概念不仅适用于二叉树, 也适用于所有的树.

1.4 基本模块的连接

图 1.4.1 展示了一棵五个叶节点的二叉树基本模块之间的可能连接. 它囊括了任何一棵二叉树基本模块间的所有连接方式.

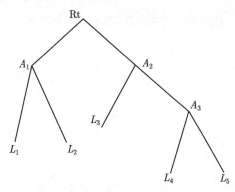

图 1.4.1 五叶二叉树

(1) $\triangle$Rt 左节点连接 $\triangle A_1$;

(2) $\triangle$Rt 右节点连接 $\triangle A_2$;

(3) $\triangle A_1$ 和 $\triangle A_2$ 之间无直接连接, 它们分别与 $\triangle$Rt 左右节点连接, 相隔一个基本模块;

(4) $\triangle$Rt 和 $\triangle A_3$ 之间无直接连接, 它们分别与 $\triangle A_2$ 父子节点连接, 相隔一个基本模块;

(5)$\triangle A_1$ 和 $\triangle A_3$ 无直接连接, 它们相隔两个或两个以上基本模块.

二叉树基本模块间的所有连接都是一个模块的子节点连接另一个模块的父节点, 称为串联. 另外还有一个模块的子节点连接另一个模块的子节点称为并联, 一个模块的父节点连接另一个模块父节点也是一种并联.

1.5 单 枝 树

不含 "全权模块" 的完整二叉树称为单枝树. 其中, 所有权节点都是左节点, 而右节点都是叶节点, 称该树为左增长型单枝树. 所有权节点都是右节点, 而左节点都是叶节点, 称该树为右增长型单枝树. 其他单枝树都是普通型的. 单枝树只有一个末梢子树. 图 1.5.1 和图 1.5.2 是单枝树的例子.

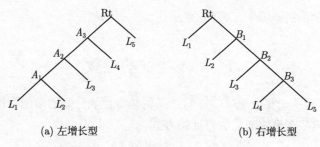

(a) 左增长型   (b) 右增长型

图 1.5.1   左增长型与右增长型单枝树

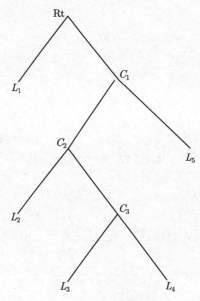

图 1.5.2   普通型单枝树

单枝树的任何子树仍然是单枝树. 末梢子树是最简单的单枝树. 任何完整二叉树都有单枝子树. 例如, 树 A 的子树 $[A_4, A_5, L_3, L_4, L_5]$.

1.6 多 枝 树

不是单枝树的完整二叉树称为多枝树, 即有全权模块的完整二叉树. 树 A 是多枝树. 图 1.4.1 的五叶二叉树是多枝树. 图 1.6.1 也是一棵多枝树. 它是与树 A 有同样叶节点投影顺序、同样叶节点数的多枝树.

多枝树可拆分成多棵单枝树. 拆分的方法是砍下多枝树的全权模块中一个权节点为根的子树, 而保留这个权节点. 保留的权节点称为桩节点. 桩节点此时等同叶节点. 若拆分后还有全权模块则继续如上拆分. 如图 1.6.2 先砍下以 $\triangle A_2$ 中的

A_6 为根的子树, 再砍下以 $\triangle A_1$ 中 A_7 为根的子树. 若被砍下的子树是多枝树, 则如上拆分. 如图 1.6.3 砍下以 $\triangle B_1$ 中 B_4 为根的子树, 虽然二叉树 Rt 变成了单枝子树, 但子树 B_4 还是多枝树, 再砍掉以 $\triangle B_6$ 中的 B_7 为根的子树, 才最终把多枝树拆分成多棵单枝树. 被拆分的权节点即桩节点也称为接口节点. 桩节点的选择不是唯一的, 因此拆分的结果也不是唯一的. 图 1.6.2 中若先拆分 $\triangle A_1$ 中的子树 A_2,

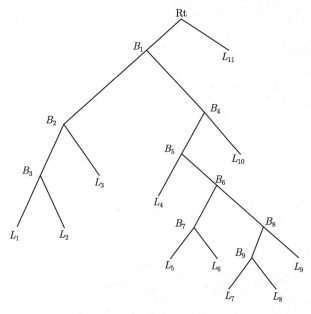

图 1.6.1 完整二叉树 B

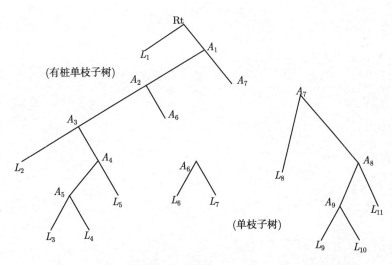

图 1.6.2 二叉树 A 的拆分

就会得到不同的有桩的单枝子树. 图 1.6.3 中若先拆分 $\triangle B_1$ 中的 B_2 也会得到不同的单枝子树. 有时, 为了控制单枝子树的大小, 对它们也进行拆分, 分成更小的单枝子树. 事实上, 对二叉树以基本模块为单位可任意拆分. 一棵 n 个叶节点的完整二叉树, 就是一棵 $n-1$ 个叶节点的完整二叉树添加一个末梢子树构成的. 添加时把 $n-1$ 个叶节点中的一个看成是桩节点, 以这个桩节点为根添加末梢子树.

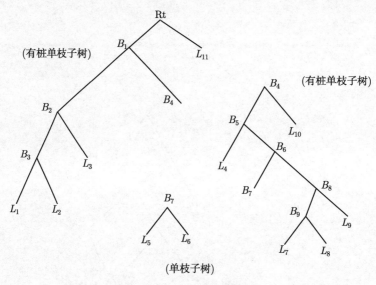

图 1.6.3   二叉树 B 的拆分

第2章 二叉树赋值

2.1 值 集 合

若任意一棵树 T 的节点不仅有相互间连接的属性, 还映射到一个集合 V, 则称 T 为有值的树, V 是 T 的 "值集合". 树的每个节点在 V 中各自对应一个元素 (或者说, 取一个值), 经顺序化, 构成树的一个 "可取值向量". 所有 "可取值向量" 构成树的 "可取值空间". 若 V 是无穷集合, 则树的可取值空间是无穷的; V 是有限集合, 则树的可取值空间是有限的.

在此定义一个有限集合, 设 N 是大于等于 0 的整数集合, 集合

$$V_p = \{n \text{MOD} p | n \in \mathbf{N}, p \in \mathbf{N}, p > 1\} = \{0, 1, 2, \cdots, p-1\}$$

是一个有 p 个元素的有限集合.

设 $a, b, c \in V_p$, 令 $a \oplus b = (a+b) \text{MOD} p$, 显然:

$a \oplus b \in V_p$, $\quad a \oplus b = b \oplus a$, $\quad a \oplus (b \oplus c) = (a \oplus b) \oplus c$,

$0 \in V_p$, $\quad a \oplus 0 = 0 \oplus a = a$.

设 $a, a_1, a_2, \cdots, a_n \in V_p$, 则 $a_1 \oplus a_2 \oplus \cdots \oplus a_n \in V_p$, 当 $a = a_1 = a_2 = \cdots = a_n$, 则可令 $a_1 \oplus a_2 \oplus \cdots \oplus a_n = na = (n*a) \text{MOD} p$.

若 $a \oplus b = 0$, 即 $(a+b) \text{MOD} p = 0$, 则 $b = (k*p-a) \text{MOD} p = (p-a) \in V_p$;

反之, 若 $b = p-a$, 则 $a \oplus b = (a+p-a) \text{MOD} p = 0$.

因此, 存在唯一的 $b = (p-a) \in V_p$, 使得 $a \oplus b = 0$. 称 b 为 a 的负元素或反值元素.

记 $(p-a)$ 为 $\ominus a$. 又记 $a \oplus (\ominus c)$ 为 $a \ominus c$.

以后, 在不产生混淆情况下, 用运算符 $+$ 和 $-$ 分别代替运算符 $\oplus$ 和 $\ominus$.

2.2 约 束 条 件

设 $p = 4$, 完整二叉树 T 的每个节点都映射到有限集合 $V_p = V_4$.

令 $\text{Rt}.v, L_i.v, A_j.v$ 分别是完整二叉树 T 的根节点、叶节点、权节点的值 ($i = 1, 2, \cdots, m; j = 1, 2, \cdots, m-2; m \geqslant 2$ 是叶节点数). $\text{Rt}.v, L_i.v, A_j.v \in V_4$. 显然, 此时树的可取值向量有 4^{2m-1} 个.

给完整二叉树 T 添加如下三组约束条件:

(1) Rt.$v \neq 0$;

(2) $L_i.v \neq 0 (i = 1, 2, \cdots, m)$;

(3) $A_j.v \neq 0 (j = 1, 2, \cdots, m - 2)$.

显然, 添加以上约束条件后, 完整二叉树 T 在 V_4 中可取值向量共有 3^{2m-1} 个. 再添加如下一组约束条件:

(4) $N_F.v = N_L.v \oplus N_R.v$ (式中 N_F 为 Rt 或 A_j, N_L 与 N_R 为 A_j 或 L_i. 共有 $m - 1$ 个等式).

添加约束条件后,

当 $N_F.v = 1$ 时, $N_L.v = 2, N_R.v = 3$ 或 $N_L.v = 3, N_R.v = 2$;

当 $N_F.v = 2$ 时, $N_L.v = 3, N_R.v = 3$ 或 $N_L.v = 1, N_R.v = 1$;

当 $N_F.v = 3$ 时, $N_L.v = 1, N_R.v = 2$ 或 $N_L.v = 2, N_R.v = 1$.

当基本模块的父节点可取值为 $1, 2, 3$ 时, 其左右子节点各自都可取值 $1, 2, 3$. 如图 2.2.1 所示.

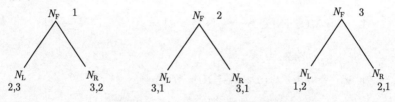

图 2.2.1   二叉树基本模块赋值

为此, 我们建立一个模型: $(1, 2, 3)$ 是一个三元组, 三元组循环右移 1 次:

$$((1, 2, 3) >) = (3, 1, 2);$$

循环右移 2 次:

$$((1, 2, 3) >>) = (2, 3, 1);$$

循环右移 3 次:

$$((1, 2, 3) >>>) = (1, 2, 3).$$

也可用循环左移构造一个等价的模型.

N_F 取 1 时, (1,2,3) 循环右移 3 次 ($\ominus$1 次) 后的第 2, 3 分量 $(2, 3)$ 就是 N_L 的可能取的 2 个值;

N_F 取 2 时, (1,2,3) 循环右移 2 次 ($\ominus$2 次) 后的第 2, 3 分量 $(3, 1)$ 就是 N_L 的可能取的 2 个值;

N_F 取 3 时, (1,2,3) 循环右移 1 次 ($\ominus$3 次) 后的第 2, 3 分量 $(1, 2)$ 就是 N_L 的可能取的 2 个值.

而 $N_R[i] = N_F - N_L[i]$, 其中 $i = 1, 2$.

定义一个函数 cyclic(t) 表达上述事实:

$N_{\mathrm{F}}.v = t$,

$t = 1$ 时, $N_{\mathrm{L}}.V = $ cyclic(1)=(2,3),

$t = 2$ 时, $N_{\mathrm{L}}.V = $ cyclic(2)=(3,1),

$t = 3$ 时, $N_{\mathrm{L}}.V = $ cyclic(3)=(1,2).

而 $N_{\mathrm{R}}.V = (t,t) - $ cyclic(t).

$t = 1$ 时, $N_{\mathrm{R}}.V = (1,1) - $ cyclic(1) $= (3,2)$,

$t = 2$ 时, $N_{\mathrm{R}}.V = (2,2) - $ cyclic(2) $= (3,1)$,

$t = 3$ 时, $N_{\mathrm{R}}.V = (3,3) - $ cyclic(3) $= (2,1)$.

反过来, N_{L}(或 N_{R}) 取不同值时也做与上面同样的操作, 就得到在 N_{L}(或 N_{R}) 给定时 N_{F} 可能取的 2 个值, 即 $N_{\mathrm{L}}.v$(或 $N_{\mathrm{R}}.v$) $= t$, 则

$t = 1$ 时, $N_{\mathrm{F}}.V = $ cyclic(1)=(2,3),

$t = 2$ 时, $N_{\mathrm{F}}.V = $ cyclic(2)=(3,1),

$t = 3$ 时, $N_{\mathrm{F}}.V = $ cyclic(3)=(1,2).

而 $N_{\mathrm{R}}.V$(或 $N_{\mathrm{L}}.V$)$= $ cyclic(t) $- (t,t)$.

总的说来, 若 t 是父节点的值, 则函数值 (二元组) 是 N_{L} 的可取值; 若 t 是子节点 (N_{L} 或 N_{R}) 的值, 则函数值 (二元组) 是 N_{F} 的可取值.

每棵二叉树都有约束条件的具体表达式集合.

例如, 在树 A 中约束条件 $N_{\mathrm{F}}.v = N_{\mathrm{L}}.v \oplus N_{\mathrm{R}}.v$ 具体表达为

$$Rt.v = L_1.v \oplus A_1.v,$$
$$A_1.v = A_2.v \oplus A_7.v,$$
$$A_2.v = A_3.v \oplus A_6.v,$$
$$A_3.v = L_2.v \oplus A_4.v,$$
$$A_4.v = A_5.v \oplus L_5.v,$$
$$A_5.v = L_3.v \oplus L_4.v,$$
$$A_6.v = L_6.v \oplus L_7.v,$$
$$A_7.v = L_8.v \oplus A_8.v,$$
$$A_8.v = A_9.v \oplus L_{11}.v,$$
$$A_9.v = L_9.v \oplus L_{10}.v.$$

在树 B 中约束条件 $N_{\mathrm{F}}.v = N_{\mathrm{L}}.v \oplus N_{\mathrm{R}}.v$ 具体表达为 (以节点名表示它的值)

$$Rt = B_1 \oplus L_{11},$$
$$B_1 = B_2 \oplus B_4,$$
$$B_2 = B_3 \oplus L_3,$$

$$B_3 = L_1 \oplus L_2,$$
$$B_4 = B_5 \oplus L_{10},$$
$$B_5 = L_4 \oplus B_6,$$
$$B_6 = B_7 \oplus B_8,$$
$$B_7 = L_5 \oplus L_6,$$
$$B_8 = B_9 \oplus L_9,$$
$$B_9 = L_7 \oplus L_8.$$

2.3   二叉树的一个解向量

满足约束条件的可取值向量是解向量. 求二叉树一个解向量的算法如下.

求基本模块一个解向量 (M,s){ //M 为待赋值的模块，s 为待赋给当前模块
　　　　　　　　　　　　 //父节点的值
　　给模块中的父节点赋一个值 t=s;
　　模块中左子节点取 cyclic(s) 的任意一个值 t1;
　　模块中右子节点获得一个值 t2=t-t1;
　　返回 t1 及 t2;
}
求子树的一个解向量 (M,s){ //M 为子树的根模块，s 为待赋给根模块父节
　　　　　　　　　　　　 //点的值
　　求基本模块一个解向量 (M,s); // 获得左右子节点值 t1、t2
　　若当前模块左子节点是权节点{
　　　　取与左子节点连接的基本模块 M1 为当前模块;
　　　　求子树的一个解向量 (M1,t1);
　　}
　　若当前模块右子节点是权节点{
　　　　取与右子节点连接的基本模块 M2 为当前模块;
　　　　求子树的一个解向量 (M2,t2);
　　}
}
求整棵二叉树的一个解向量 () {
　　取二叉树 T 的根模块作为当前模块 M, 从 1, 2, 3 中指定一个值为待
　　赋的值 s;
　　求子树的一个解向量 (M,s);
}

图 2.3.1 给出了五叶二叉树根值 $s = 2$, 使用上述算法求出的一个解向量.

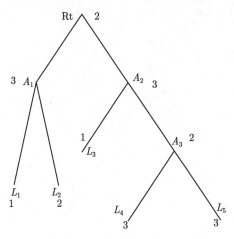

图 2.3.1　五叶二叉树的一个解向量

2.4　重选根节点

可从任一叶节点开始, 把一个叶节点当成父节点, 而把原父节点当成左子节点, 原另一个子节点当成右子节点, 另建一棵二叉树, 但它的可取值向量会发生变化. 对于基本模块, 若以 N_L 为父节点, 三节点重新取值如图 2.4.1 所示.

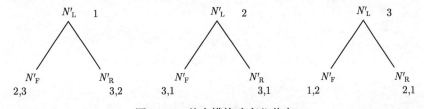

图 2.4.1　基本模块改变父节点

原来 $N_F.V = N_L.V + N_R.V$, 现在 $N'_F.V = N'_L.V - N'_R.V$. 若欲保持 $N'_F.V = N_F.V$, $N'_L.V = N_L.V$, 则必须 $N'_R.V = -N_R.V$. 若欲保持 $N'_F.V = N_F.V$, $N'_L.V = N_R.V$, 则必须 $N'_L.V = -N_L.V$.

现以图 2.4.1 的五叶二叉树为例, 以 L_1 为根另建一棵二叉树 (图 2.4.2). 这时原来的根节点变成了一个叶节点.

图 2.4.3 对两棵树的值进行比较, 其中左边的就是图 1.4.1 中的二叉树, 右边的就是图 2.4.2 中二叉树. 用 2.3 节的算法分别获得它们的可取值向量 (保持两棵树的节点值尽量相等, 实在不能相等时, 取反值).

从图 2.4.3 中可以看到两棵二叉树可取值向量是不同的.

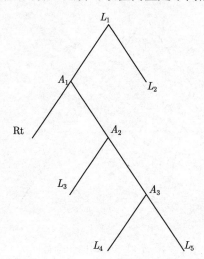

图 2.4.2 L_1 为根的五叶二叉树

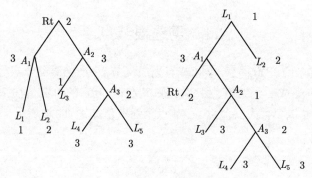

图 2.4.3 两棵五叶二叉树取值的比较

2.5 二叉树解向量数

定理 2.1 完整二叉树 T 在 V_4 中约束条件 (1)~(4) 下可取值向量共有 $S = 3 \times 2^{m-1}$ 个.

因为每个父节点每取一个值都会得到左子节点的两个值, 根节点和权节点都可作为父节点, 它们共有 $m-1$ 个. 第一个父节点, 即根节点本身, 可取 3 个值, 故而完整二叉树在 V_4 上、约束条件 (1)~(4) 下的可取值向量共有 $3 \times 2^{m-1}$ 个.

(为了书写和输入方便, 我们以后不加声明地使用编程语言中的符号和约定, 如 $3 \times 2^{m-1}$ 表示为3*2^(m-1), 不产生歧义时直接用 Rt, L_i, A_j 表示 Rt.v, $L_i.v$, $A_j.v$, Rt.V, $L_i.V$, $A_j.V$.)

在 V_4 集合中、约束条件 (1)~(4) 下完整二叉树的可取值向量称为解向量或解. 所有解向量构成完整二叉树的解空间.

图 2.5.1 给出了二叉树 A 的一个解向量, 图 2.5.2 给出了二叉树 B 的一个

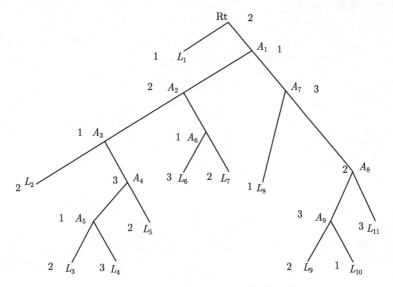

图 2.5.1　二叉树 A 的一个解向量

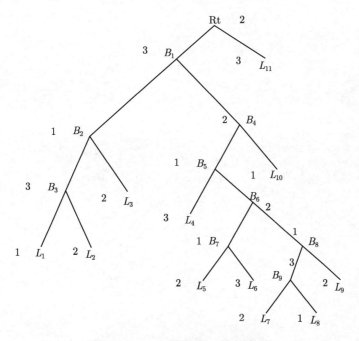

图 2.5.2　二叉树 B 的一个解向量

解向量, 它们的分量值标记在树节点名的旁边. 解向量按前序线性化, 分别是

　　树 A 的: 2 1 1 2 1 **2** 3 1 **232** 1 **32** 3 1 2 3 **213**,

　　树 B 的: 2 3 1 3 **122** 2 1 3 2 1 **23** 1 3 **2 1 2 1 3**,

其中粗体数字是叶节点的值.

第3章　二叉树解空间的表示法

3.1　解向量表

用表格罗列一棵完整二叉树的所有的解向量, 可以表达这棵完整二叉树的解空间, 称为解向量表或值表 (表 3.1.1~表 3.1.3).

表 3.1.1 为基本模块的解向量表 (第一行是表头, 表体每一行是一个解向量).

表 3.1.1　按父节点值排序的值表

$(N_{\mathrm{L}}.v \oplus N_{\mathrm{R}}.v)N_{\mathrm{F}}.v$	$N_{\mathrm{L}}.v$	$N_{\mathrm{R}}.v$
1	2	3
1	3	2
2	3	3
2	1	1
3	1	2
3	2	1

解向量间的顺序变动不影响基本模块的解空间. 表 3.1.2 与表 3.1.1 等价.

表 3.1.2　按左节点值排序的值表

$(N_{\mathrm{L}}.v \oplus N_{\mathrm{R}}.v)N_{\mathrm{F}}.v$	$N_{\mathrm{L}}.v$	$N_{\mathrm{R}}.v$
2	1	1
3	1	2
3	2	1
1	2	3
1	3	2
2	3	3

表 3.1.3 与表 3.1.1 和表 3.1.2 等价.

表 3.1.3　按右节点值排序的值表

$(N_{\mathrm{L}}.v \oplus N_{\mathrm{R}}.v)N_{\mathrm{F}}.v$	$N_{\mathrm{L}}.v$	$N_{\mathrm{R}}.v$
2	1	1
3	2	1
3	1	2
1	3	2
1	2	3
2	3	3

由基本模块的解向量表可证明以下命题.

(1) 在约束条件下, 当 $N_{\mathrm{F}}, N_{\mathrm{L}}, N_{\mathrm{R}}$ 中的一个节点:

取 1 个值时, 基本模块可有 2 个解.

取 2 个值时, 基本模块可有 4 个解.

取 3 个值时, 基本模块可有 6 个解.

(2) 在约束条件下, 当 $N_{\mathrm{F}}, N_{\mathrm{L}}, N_{\mathrm{R}}$ 中的两个节点:

各取 1 个值时, 基本模块无解或可有 1 个解, 取决于所取的具体值.

例如:　$N_{\mathrm{F}}.v = 1, N_{\mathrm{L}}.v = 1$时, $N_{\mathrm{R}}.v = 0$, 故无解.

　　　　$N_{\mathrm{F}}.v = 1, N_{\mathrm{L}}.v = 2$时, $N_{\mathrm{R}}.v = 3$, 故有 1 个解$(1,2,3)$.

分别取 1 个和 2 个值时, 基本模块可有 1 个或 2 个解, 取决于所取的具体值.

例如:　$N_{\mathrm{F}}.v = 1, N_{\mathrm{L}}.v = (1,2)$时, $N_{\mathrm{R}}.v = 3$, 故有 1 个解$(1,2,3)$.

　　　　$N_{\mathrm{F}}.v = 1, N_{\mathrm{L}}.v = (2,3)$时, $N_{\mathrm{R}}.v = (3,2)$, 故有 2 个解$(1,2,3)$和$(1,3,2)$.

分别取 1 个和 3 个值时, 基本模块可有 2 个解.

分别取 2 个和 2 个值时, 基本模块可有 2 个或 3 个解, 取决于所取的具体值.

例如:　$N_{\mathrm{F}}.v=(1,2), N_{\mathrm{L}}.v=(1,2)$时, $N_{\mathrm{R}}.v=(3,1)$, 故有 2 个解$(1,2,3)$和$(2,1,1)$.

　　　　$N_{\mathrm{F}}.v=(1,2), N_{\mathrm{L}}.v=(2,3)$时, $N_{\mathrm{R}}.v=(3,2)$, 故有 3 个解$(1,2,3)$, $(1,3,2)$ 和$(2,3,3)$.

分别取 2 个和 3 个值时, 基本模块可有 4 个解.

各取 3 个值时, 基本模块可有 6 个解.

(3) 在约束条件下, 当 $N_{\mathrm{F}}, N_{\mathrm{L}}, N_{\mathrm{R}}$ 三个节点:

分别取 1 个、1 个和 1 个值时, 基本模块无解或可有 1 个解.

例如:　$N_{\mathrm{F}}.v = 1, N_{\mathrm{L}}.v = 2, N_{\mathrm{R}}.v = 1$时, 无解.

　　　　$N_{\mathrm{F}}v = 1, N_{\mathrm{L}}.v = 2, N_{\mathrm{R}}.v = 3$时, 有 1 个解$(1,2,3)$.

分别取 1 个、1 个和 2 个值时, 基本模块无解或可有 1 个解.

例如:　$N_{\mathrm{F}}.v = 1, N_{\mathrm{L}}.v = 1, N_{\mathrm{R}}.v = (2,3)$时, 无解.

　　　　$N_{\mathrm{F}}.v = 1, N_{\mathrm{L}}.v = 2, N_{\mathrm{R}}.v = (3,1)$时, 有 1 个解$(1,2,3)$.

分别取 1 个、1 个和 3 个值时, 基本模块无解或可有 1 个解.

例如:　$N_{\mathrm{F}}.v = 1, N_{\mathrm{L}}.v = 1, N_{\mathrm{R}}.v = (1,2,3)$时, 无解.

　　　　$N_{\mathrm{F}}.v = 1, N_{\mathrm{L}}.v = 2, N_{\mathrm{R}}.v = (1,2,3)$时, 有 1 个解$(1,2,3)$.

分别取 1 个、2 个和 2 个值时, 基本模块无解或可有 1 个、2 个解.

例如:　$N_{\mathrm{F}}.v = 1, N_{\mathrm{L}}.v = (1,2), N_{\mathrm{R}}.v = (1,2)$时, 无解.

　　　　$N_{\mathrm{F}}.v = 1, N_{\mathrm{L}}.v = (1,2), N_{\mathrm{R}}.v = (3,1)$时, 有 1 个解$(1,2,3)$.

　　　　$N_{\mathrm{F}}.v = 1, N_{\mathrm{L}}.v = (2,3), N_{\mathrm{R}}.v = (2,3)$时, 有 2 个解$(1,2,3)$和$(1,3,2)$.

分别取 1 个、2 个和 3 个值时, 基本模块可有 1 个或 2 个解.

例如: $N_F.v = 1, N_L.v = (1,2), N_L.v = (1,2,3)$时, 有 1 个解$(1,2,3)$.

$N_F.v = 1, N_L.v = (2,3), N_L.v = (1,2,3)$时, 有 2 个解$(1,2,3)$和$(1,3,2)$.

分别取 1 个、3 个和 3 个值时, 基本模块可有 2 个解.

分别取 2 个、2 个和 2 个值时, 基本模块无解或可有 1 个、2 个、3 个解.

例如: $N_F.v = (1,3), N_L.v = (1,3), N_R.v = (1,3)$时, 无解.

$N_F.v = (1,2), N_L.v = (1,2), N_R.v = (1,2)$时, 有 1 个解$(2,1,1)$.

$N_F.v = (1,2), N_L.v = (1,2), N_R.v = (1,3)$时, 有2 个解$(2,1,1)$和$(1,2,3)$.

$N_F.v = (1,2), N_L.v = (2,3), N_R.v = (2,3)$时, 有 3 个解$(1,2,3), (1,3,2)$和$(2,3,3)$.

分别取 2 个、2 个和 3 个值时, 基本模块可有 2 个或 3 个解.

例如: $N_F.v = (1,3), N_L.v = (1,3), N_R.v = (1,2,3)$时, 有 2 个解$(1,3,2)$和$(3,1,2)$.

$N_F.v = (1,2), N_L.v = (2,3), N_R.v = (1,2,3)$时, 有 3 个解$(1,2,3), (1,3,2)$和$(2,3,3)$.

分别取 2 个、3 个和 3 个值时, 基本模块可有 4 个解.

分别取 3 个、3 个和 3 个值时, 基本模块可有 6 个解.

本书常用的完整二叉树的解向量表如下:

普通型单枝树的解向量表 (表 3.1.4).

左增长型单枝树的解向量表 (表 3.1.5).

右增长型单枝树的解向量表 (表 3.1.6).

五叶多枝树的解向量表 (表 3.1.7).

树 A 的解向量表的一部分 (表 3.1.8).

树 B 的解向量表的一部分 (表 3.1.9).

表 3.1.4~表 3.1.9 中, 第一列是表头, 表体中每一列是一个解向量. 带括号的名字标示的行是无括号同名行的复制品. 括号名字标示的行和它下面的两行是一个基本模块 3 个节点的行. 复制品行的值在解向量中不存在. 此处给出是为了看清楚同一个基本模块所包括的行.

在表 3.1.1~表 3.1.3 中用一行表示一个解向量 (横排) , 在表 3.1.4~表 3.1.9 中, 用一列表示一个解向量 (竖排) . 树 A 和树 B 的解向量表太庞大了, 此处只给出极小的一部分. 在附录中给出树 A 的三分之一的解向量表, 即 Rt=2 的部分.

一般地, 二叉树的一个解向量, 其分量可以横排也可以竖排. 用表的行或列表示一个解向量是等价的.

一个解向量是满足约束条件的一组值. 解向量之间本无谁先谁后之说. 因此, 交换解向量表中的解向量 (横排时的行, 竖排时的列) 顺序不影响二叉树的解空间.

解向量表中横排时的列 (竖排时的行) 称为解向量表的层向量. 层向量的个数与二叉树节点个数相同, 一般以二叉树节点名命名它们. 层向量汇集了相应节点在全部解向量中的值的出现. 层向量间的顺序反映节点如何排序, 换一种排序方法, 层向量的顺序就会变化. 只要层向量与二叉树节点名绑定, 层向量的顺序可以任意变化, 不影响解空间. 以后我们可说某个层向量是 A_1 层向量, 还可说解向量的某个分量是 A_1 层分量, $\cdots$, 而不关心这个层向量在什么位置. 今后我们将不加说明地使用二叉树的节点名表示层向量.

下面给出解向量表的生成算法.

(1) 把二叉树的各基本模块按前序及左优先规则排列;

(2) 取 "根基本模块" 为当前基本模块, 初始化解向量表 A, 这时解向量表只有一个层向量, 即根层向量 Rt=(1,2,3), 这个层向量也是当前基本模块的父节点层向量 N_F;

(3) 求当前基本模块的左节点的层向量:

$$N_L = \text{cyclic}(N_F[1]) \& \text{cyclic}(N_F[2]) \& \cdots \& \text{cyclic}(N_F[n]),$$

n 是当前父节点层向量维数;

(4) 求当前基本模块的右节点的层向量:

$$N_R[2i-1] = N_F[i] - N_L[2i-1], \quad N_R[2i] = N_F[i] - N_L[2i], \quad i = 1, 2, \cdots, n;$$

(5) 把当前解向量表中层向量维数扩展一倍 (1 个分量扩展成相邻的 2 个分量);

(6) 把 N_L 和 N_R 合并到当前解向量表,

$$A \& N_L \& N_R \to A;$$

(7) 若还有下一基本模块, 则取下一个基本模块, 转步骤 (3); 否则结束.

定义生成算法的步 (3)~步 (6) 操作为解向量表的层向量生成器 $\text{col}(A, \Delta N_F)$. 整个解向量表生成器则为

$$\text{Gtb}(A, \Delta) = \text{col}(\cdots \text{col}(\text{col}(A, \Delta N_{F1}), \Delta N_{F2}), \cdots, \Delta N_{Fn}).$$

其中 $\Delta N_{F1}, \cdots, \Delta N_{Fn} \in \Delta$ 为按前序左优先规则排列的基本模块, n 为基本模块的个数; A 为生成中的解向量表, 其初值为根层向量 (1,2,3).

下面讨论的解向量表都是这样生成的表. 有时为了看清楚同一个基本模块所包括的行, 复制一些父节点行, 并把复制行的名字加括号.

表 3.1.4 普通型单枝二叉树解向量表

Rt	L_1	C_1	(C_1)	C_2	L_5	(C_2)	L_2	C_3	(C_3)	L_3	L_4

表 3.1.5　左增长型单枝二叉树解向量表

Rt	A_3	L_5	(A_3)	A_2	L_4	(A_2)	A_1	L_3	(A_1)	L_1	L_2

表 3.1.6 右增长型单枝二叉树解向量表

Rt	1	1	1	1	1	1	1	1	1	1	1	1	1	1	1	1	2	2	2	2	2	2	2	2
L_1	2	2	2	2	2	2	2	2	3	3	3	3	3	3	3	3	3	3	3	3	3	3	3	3
B_1	3	3	3	3	3	3	3	3	2	2	2	2	2	2	2	2	3	3	3	3	3	3	3	3
$(\boldsymbol{B_1})$	3	3	3	3	3	3	3	3	2	2	2	2	2	2	2	2	3	3	3	3	3	3	3	3
L_2	1	1	1	1	2	2	2	2	3	3	3	3	1	1	1	1	1	1	1	1	2	2	2	2
B_2	2	2	2	2	1	1	1	1	3	3	3	3	1	1	1	1	2	2	2	2	1	1	1	1
$(\boldsymbol{B_2})$	2	2	2	2	1	1	1	1	3	3	3	3	1	1	1	1	2	2	2	2	1	1	1	1
L_3	3	3	1	1	2	2	3	3	1	1	2	2	2	2	3	3	3	3	1	1	2	2	3	3
B_3	3	3	1	1	3	3	2	2	2	2	1	1	3	3	2	2	3	3	1	1	3	3	2	2
$(\boldsymbol{B_3})$	3	3	1	1	3	3	2	2	2	2	1	1	3	3	2	2	3	3	1	1	3	3	2	2
L_4	1	2	2	3	1	2	3	1	3	1	2	3	1	2	3	1	1	2	2	3	1	2	3	1
L_5	2	1	3	2	2	1	3	1	3	1	3	2	2	1	3	1	2	1	3	2	2	1	3	1

Rt	2	2	2	2	2	2	2	2	3	3	3	3	3	3	3	3	3	3	3	3	3	3	3	3
L_1	1	1	1	1	1	1	1	1	1	1	1	1	1	1	1	1	2	2	2	2	2	2	2	2
B_1	1	1	1	1	1	1	1	1	2	2	2	2	2	2	2	2	1	1	1	1	1	1	1	1
$(\boldsymbol{B_1})$	1	1	1	1	1	1	1	1	2	2	2	2	2	2	2	2	1	1	1	1	1	1	1	1
L_2	2	2	2	2	3	3	3	3	3	3	3	3	1	1	1	1	2	2	2	2	3	3	3	3
B_2	3	3	3	3	2	2	2	2	3	3	3	3	1	1	1	1	3	3	3	3	2	2	2	2
$(\boldsymbol{B_2})$	3	3	3	3	2	2	2	2	3	3	3	3	1	1	1	1	3	3	3	3	2	2	2	2
L_3	1	1	2	2	3	3	1	1	1	1	2	2	2	2	3	3	1	1	2	2	3	3	1	1
B_3	2	2	1	1	3	3	1	1	2	2	1	1	3	3	2	2	2	2	1	1	3	3	1	1
$(\boldsymbol{B_3})$	2	2	1	1	3	3	1	1	2	2	1	1	3	3	2	2	2	2	1	1	3	3	1	1
L_4	3	1	2	3	1	2	2	3	3	1	2	3	1	2	3	1	3	1	2	3	1	2	2	3
L_5	3	1	3	2	2	1	3	2	3	1	3	2	2	1	3	1	3	1	3	2	2	1	3	2

表 3.1.7　五叶多枝二叉树解向量表

Rt	1	1	1	1	1	1	1	1	1	1	1	1	1	1	1	1	1	1	1	2	2	2	2	2	2	2	2	2	2	2	2	2	2	2	2	2	2	2	3	3	3	3	3	3	3	3	3	3	3	3	3	3	3	3	3	3	3
A_1																																																								
A_2																																																							
(A_1)																																																							
L_1																																																							
L_2																																																							
(A_2)																																																							
L_3																																																							
A_3																																																							
(A_3)																																																							
L_4																																																							
L_5																																																							

表 3.1.8 二叉树 A 解向量表一部分

Rt	L₁	A₁	(A₁)	A₂	A₇	(A₂)	A₃	A₆	(A₃)	L₂
1	2	3	3	1	2	1	1	2	3	3
1	2	3	3	1	2	1	1	2	3	2
1	2	3	3	1	2	1	2	2	3	1
1	2	3	3	1	2	2	1	2	3	1
1	2	3	3	2	1	1	1	2	3	3
1	2	3	3	2	1	1	1	2	3	2
1	2	3	3	2	1	2	1	2	3	3
1	2	3	3	2	1	3	1	2	3	2
1	2	3	3	2	1	3	1	2	3	3
1	2	3	3	3	1	1	1	2	3	2
1	2	3	3	3	1	2	1	2	3	3
1	2	3	3	3	1	3	1	2	3	2
1	2	3	3	3	1	3	1	2	3	1
1	2	3	3	3	2	1	1	2	3	2
1	2	3	3	3	2	3	1	2	3	3
1	2	3	3	3	3	1	1	2	3	1

表 3.1.9　二叉树 B 解向量表—部分

Rt																																
B_1																																
L_{11}																																
(B_1)																																
B_2																																
B_4																																
(B_2)																																
B_3																																
L_3																																
(B_3)																																
L_1																																
L_2																																

3.2 值 树

可用 "值树"(记为 Tv) 来表达完整二叉树的解空间, 它是完整二叉树派生出的另一棵树. 派生出值树的二叉树称为 "源树". 图 3.2.1(a) 是基本模块 ΔN_F 的值树.

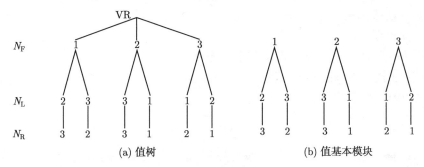

图 3.2.1 基本模块的植树和值基本模块

3.2.1 基本模块的值树

基本模块值树的根 VR 有三个子节点, 称为值树的 N_F 层值节点, 顺次标记为 1, 2, 3, 表示基本模块的 N_F 节点可取这三个值.

值树的 N_F 层每个值节点都有两个子节点, $N_F[1]=1$ 的两个子节点用 cyclic(1) 两个值标记, $N_F[2]=2$ 的两个子节点用 cyclic(2) 两个值标记, $N_F[3]=3$ 的两个子节点用 cyclic(3) 两个值标记, 共有 6 个子节点, 称为值树的 N_L 层值节点, 表示基本模块的 N_L 节点可取的 (满足约束条件的) 值.

值树的 N_L 层每个值节点有一个子节点, 标记为 $N_R[j] = N_F[i] - N_L[j]$, $i = 1, 2, 3$; $j = 1, 2$, 称为值树的 N_R 层值节点, 表示基本模块的 N_R 节点可取的 (满足约束条件的) 值.

基本模块的值树的三棵最大子树约定记为值单元~1、值单元~2、值单元~3, 三个值单元合称为 "值基本模块"(简称为 "值模块"), 记为 vΔ,

3.2.2 完整二叉树的值树

包含多个基本模块的完整二叉树的值树构造算法如下.

(1) 遵照前序及左支优先原则将所有基本模块排序, 构造每个基本模块的 vΔ, 全部 vΔ 的集合为 VΔ(图 3.2.2(a)).

(2) 构造值树的根及其三个子节点, 初始化这些子节点为二叉树根节点层的值节点 (图 3.2.2(b)). 值树根及根节点层构成最初的 "在建值树", 以后每完成一个 vΔ 的所有连接, 就更新了一次 "在建值树".

(3) 从 VΔ 中第一个 vΔ 开始顺次取一个 vΔ, 确定与当前 vΔ 父节点层同名的 "在建值树" 一个层 S.

① 取 "在建值树" 的一个末梢作为 "当前末梢";

② 取 "在建值树" 层 S 中与 "当前末梢" 有最短路径相通的节点的标记值 s;

③ 把当前 vΔ 中的 "值单元~s" 连接到 "当前末梢"(图 3.2.2(c)).

④ 没连接完所有末梢, 转①.

⑤ 标记新层的名字.

反复执行 (3), 直到 VΔ 中没有下一个 vΔ.

定义连接一个 vΔ 到 "在建值树" 的过程为值树的 "阶生成器"lvl(Tv, vΔi), 整个值树的生成器则为

$$Gtv(Tv, V\Delta) = lvl(\cdots lvl(lvl(Tv, v\Delta_{NF1}), v\Delta_{NF2}), \cdots, v\Delta_{NFn}),$$

其中 $v\Delta_{NF1}, \cdots, v\Delta_{NFn} \in V\Delta$ 为按前序左优先规则排列的值基本模块, n 为值基本模块的个数, 反映值树的规模, 又称为值树的 "阶"; Tv 为在建值树, 其初值包含一个值树根和一个根节点层 3 个值节点 (1,2,3). 下面讨论的值树都是这样生成的.

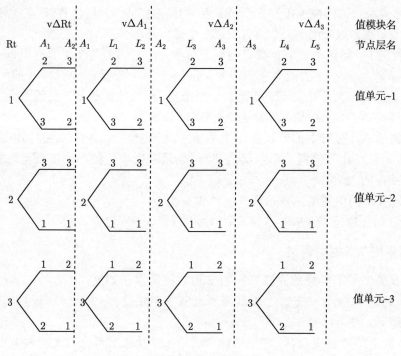

(a) 五个叶节点多枝二叉树的VΔ

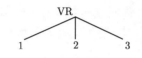

(b) 初始的"在建植树"

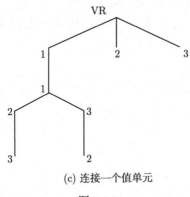

(c) 连接一个值单元

图 3.2.2

最后一个基本模块 ΔN_{Fn} 是一个末梢子树, 其右节点生成的是 "值树的叶节点"、左节点生成的是 "值树的次叶节点", 值树的叶节点有 $3 \times 2^{m-1}$ 个, 值树的一个叶节点在且仅在一个解向量中. 值树的次叶节点和值树的叶节点是一对一的.

二叉树值树的根节点层有 1, 2, 3 三个值节点, 分别以它们为根的值树的三棵最大子树, 分别称为 1~子树、2~子树、3~子树.

值树的叶节点、值树的次叶节点分别称作 "末梢节点" 和 "次末梢节点", 避免与二叉树叶节点混淆,

图 3.2.2(a) 是图 1.4.1 五叶多枝二叉树的 V△, 每个 v△ 的三个值单元都是相同的, 所不同的是 v△ 的三个节点层的名字,

下面给出完整二叉树的值树例子.

图 3.2.3 是普通型单枝树的值树.

图 3.2.4 是左增长型单枝树的值树.

图 3.2.5 是右增长型单枝树的值树.

图 3.2.6 是五叶多枝树的值树.

图 3.2.7 是树 A 的值树 (局部).

图 3.2.8 是树 B 的值树 (局部).

在二叉树值树中, 从根节点层的一个值节点到一个末梢节点的路径上的各值节点标记值的序列 (忽略复制的权节点层, 即值树中名字加括号的层) 就是一个解向量, 与这个二叉树解向量表中的一个解向量相同. 值树的任何节点所

属的末梢节点个数是通过它的解向量个数. 值树的节点层中顺次的标记值也构成一个向量, 称为值树层向量. 与这个二叉树的解向量表相应层没扩展的解向量相同.

树 A 和树 B 的值树太庞大了, 图 3.2.7 和图 3.2.8 只画出了极小部分. 在附录中, 画出了树 A 值树的 2~子树. 为了不使其占用更多篇幅, 把它与树 A 的 Rt=2 的解向量表叠加在一起. 从叠加的值树和解向量表中可清楚看出二者是等价的.

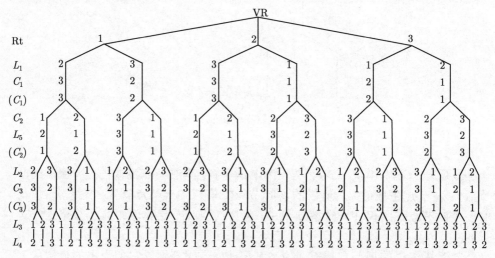

图 3.2.3 普通型单枝二叉树值树

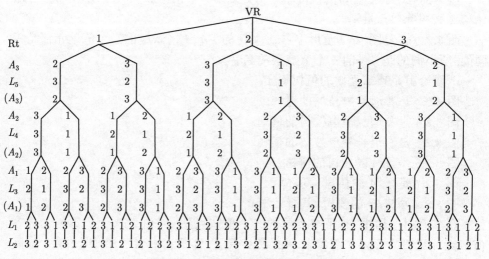

图 3.2.4 左增长单枝二叉树值树

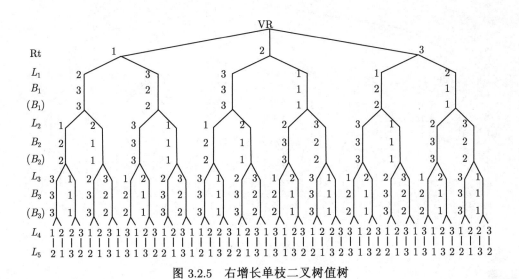

图 3.2.5　右增长单枝二叉树值树

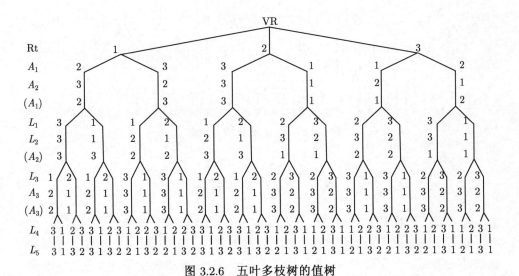

图 3.2.6　五叶多枝树的值树

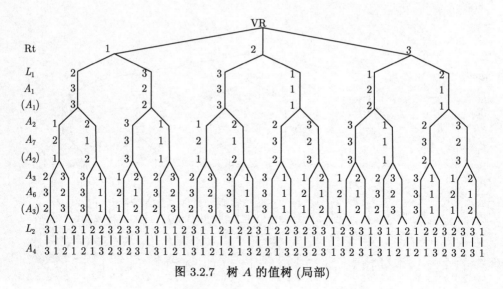

图 3.2.7　树 A 的值树 (局部)

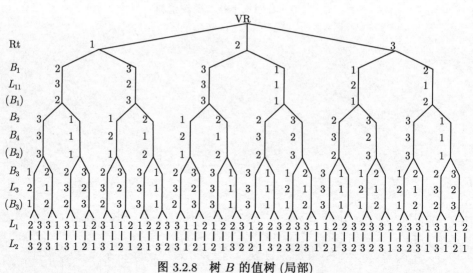

图 3.2.8　树 B 的值树 (局部)

3.3　值树浓缩图

值树浓缩图也是表达完整二叉树的解空间一种方式. 构造值树浓缩图, 先把树的值模块按前序及左优先原则排列, 再把前一个值模块 vΔ1 的右节点层的值节点连接到后一个值模块 vΔ2 的父层值节点上. 虚线表示了这类连接. 连接的规则是,

(1) 在浓缩图的已完成部分, 取与 vΔ2 父节点层的同名层 vL,

(2) 取与 vL 的一个值节点 vn1 有最短路径相通的 vΔ1 的右节点层的值节点 vn2(可能有多个),

(3) 取 vΔ2 父节点层与 vn1 同值的值节点 vn3,

(4) 连接 vn2 与 vn3 (3 个以上 vn2 则合并连接的虚线).

如此穷尽 vL 中的全部值节点.

在值树浓缩图中, 由根层 Rt 的值节点到末梢层的值节点的可能路径表达值树的解向量空间.

值树浓缩图大大压缩了值树占用的空间, 完整的二叉树 A、树 B 的解空间得以表达.

下面给出本书常用的 6 个二叉树的值树浓缩图.

图 3.3.1 是五叶多枝二叉树的值树浓缩图.

图 3.3.2 是普通型单枝树的值树浓缩图.

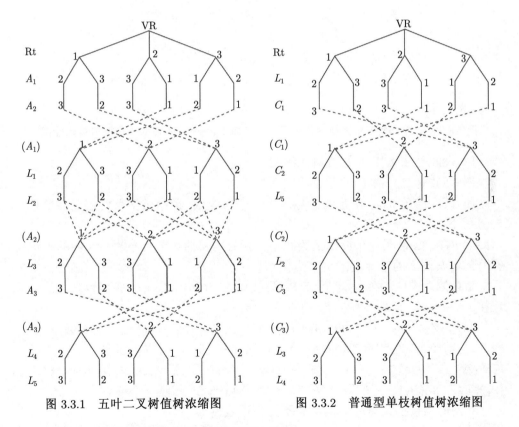

图 3.3.1 五叶二叉树值树浓缩图　　　图 3.3.2 普通型单枝树值树浓缩图

图 3.3.3 是左增长型单枝树的值树浓缩图.

图 3.3.4 是右增长型单枝树的值树浓缩图.

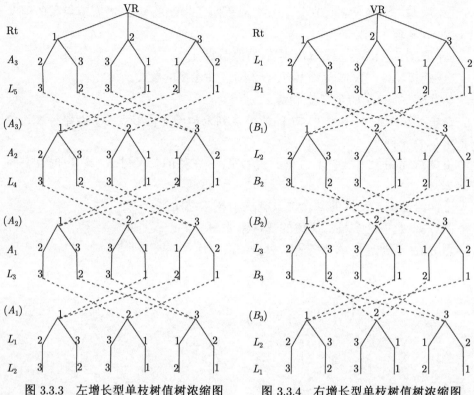

图 3.3.3   左增长型单枝树值树浓缩图   图 3.3.4   右增长型单枝树值树浓缩图

图 3.3.5 是二叉树 A 的值树浓缩图.

图 3.3.6 是二叉树 B 的值树浓缩图.

图 3.3.5 与图 3.3.6 中粗线条标示了一个解向量. 图中带括号的层名字的层向量值不在解向量中出现, 它们是不带括号的与其同名的节点层的节点值合并 (浓缩) 的结果. 在粗线条标示的路径中带括号的层的值节点必须与对应的不带括号的与其同名的节点层的值节点同值.

值树浓缩图中 "v∆" 有四种连接模式, 图 3.3.5 和图 3.3.6 中完全包括了这些连接:

(A_2), (A_3), (A_5), (A_9) 和 (B_1), (B_2), (B_3), (B_5), (B_7), (B_9)—— 左相邻型, 后 "v∆" 与前 "v∆" 左节点连接; (A_1), (A_4), (A_8) 和 (B_6)—— 右相邻型, 后 "v∆" 与前 "v∆" 右节点连接; (B_8)—— 间隔 1 型, 前 "v∆" 与后 "v∆" 相隔 1 个 "v∆"; (A_6), (A_7) 和 (B_4)—— 间隔 2 型, 前 "v∆" 与后 "v∆" 相隔 2 个或以上 "v∆".

不同的连接模式对应值模块间不同的连线图形.

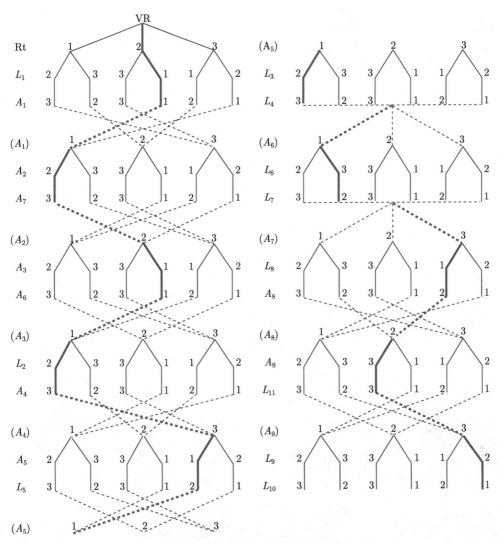

图 3.3.5 二叉树 A 的值树浓缩图

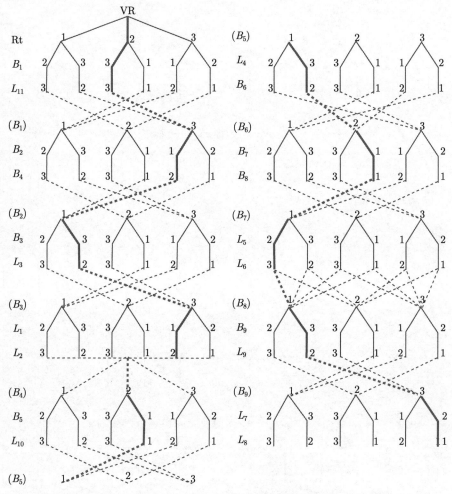

图 3.3.6   二叉树 B 的值树浓缩图

3.4   值树拆分图

值树拆分图也是表达完整二叉树的解空间一种方式. 构造值树拆分图步骤是, 先把二叉树拆分成单枝子树, 对单枝子树构造值树, 然后列出桩节点 (接口节点) 在单枝子树值树中的值作为各单枝子树值树间的接口. 太小的单枝子树可合并构造值树, 太大的单枝子树可再拆分. 由根层 Rt 的值节点、经各个单枝子树值树及它们之间的接口、到末梢层的值节点的可能路径, 表达值树的解向量空间.

图 3.4.1~图 3.4.4 是二叉树 A 的值树拆分图.

　　图 3.4.1 是根层单枝子树值树的一部分, 整个根层单枝子树值树超出一个页面, 故再拆分出单枝子树 A_4.

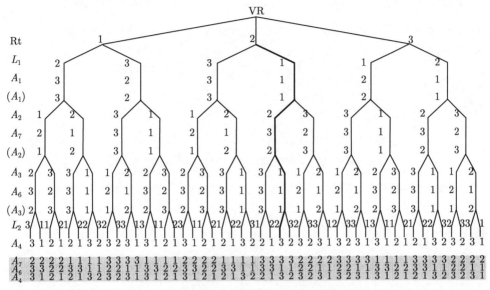

图 3.4.1　树 A 拆分的值树 (根层单枝子树, 不包括单枝子树 A_4)

　　图 3.4.2 是单枝子树 A_7 的值树.

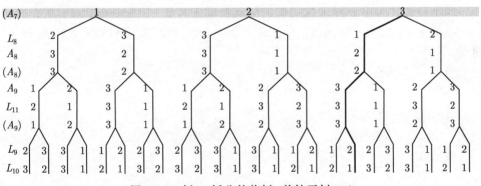

图 3.4.2　树 A 拆分的值树 (单枝子树 A_7)

　　图 3.4.3 是单枝子树 A_4 的值树.

　　图 3.4.4 是单枝子树 A_6 的值树.

　　图中有底色的部分是接口节点的值列表.

　　图中粗体数字表示了一个解向量. 从图 3.4.1 根层的粗体数字开始, 沿相继的粗体实线得到 $L_1, A_1, A_2, A_7, A_3, A_6, L_2, A_4$ 的值. A_7, A_6, A_4 是接口节点.

　　根据接口节点 A_7 的值 3, 查图 3.4.2 的 A_7 的值树, 得到 $L_8, A_8, A_9, L_{11}, L_9, L_{10}$

的值.

根据接口节点 A_4 的值 3, 查图 3.4.3 的 A_4 的值树, 得到 A_5, L_5, L_3, L_4 的值.

根据接口节点 A_6 的值 1, 查图 3.4.4 的 A_6 的值树, 得到 L_6, L_7 的值.

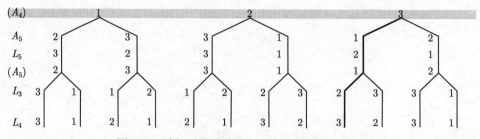

图 3.4.3   树 A 拆分的值树 (单枝子树 A_4 值树)

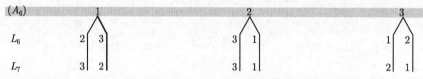

图 3.4.4   树 A 拆分的值树 (单枝子树 A_6 值树)

3.5   算子表达式

算子表达式是另一种表达二叉树的解空间的方式. 定义如下算子: D, L, R.

D 算子把一个 m 维向量, 扩展成一个 $2m$ 维向量, 其规则如下 (U 为一个向量, 下同):

当 $U = (1)$ 时,
$$DU = D(1) = (1, 1);$$

当 $U = (2)$ 时,
$$DU = D(2) = (2, 2);$$

当 U $= (3)$ 时,
$$DU = D(3) = (3, 3),$$
$$D^2(1) = DD(1) = D(1, 1) = (1, 1, 1, 1),$$
$$D^2(2) = DD(2) = D(2, 2) = (2, 2, 2, 2),$$
$$D^2(3) = DD(3) = D(3, 3) = (3, 3, 3, 3),$$
$$\cdots\cdots$$

令
$$D^0(1) = (1),$$
$$D^0(2) = (2),$$

$$D^0(3) = (3).$$

可得到算子 D 的递推公式 $(n > 0)$:

$$D^n(1) = D^{n-1}(1,1) = D^{n-1}(1)\&D^{n-1}(1),$$
$$D^n(2) = D^{n-1}(2,2) = D^{n-1}(2)\&D^{n-1}(2),$$
$$D^n(3) = D^{n-1}(3,3) = D^{n-1}(3)\&D^{n-1}(3).$$

当 $U = (1,2,3)$ 时,

$$DU = D(1,2,3) = (1,1,2,2,3,3),$$
$$D^2U = D(1,1,2,2,3,3) = (1,1,1,1,2,2,2,2,3,3,3,3).$$

显然 D 算子加倍向量中各个值的出现的次数、而不改变它们的比例.

L 算子把一个 m 维向量, 变换成一个 $2m$ 维向量, 其规则如下:

当 $U = (1)$ 时, $LU = L(1) = \text{cyclic}(1) = (2,3)$;

当 $U = (2)$ 时, $LU = L(2) = \text{cyclic}(2) = (3,1)$;

当 $U = (3)$ 时, $LU = L(3) = \text{cyclic}(3) = (1,2)$.

设 $\text{CYCLIC}(V)=\text{cyclic}(V[1])\&\ \text{cyclic}(V[2])\&\ \text{cyclic}(V[3])\&\cdots$, 则 $L(1,2,3)=\text{CYCLIC}(1,2,3)=(2,3,3,1,1,2)$.

$L^2(1)=LL(1)=L(2,3)=L(2)\&L(3)=(3,1)\&(1,2)=(3,1,1,2)$;

$L^2(2)=LL(2)=L(3,1)=L(3)\&L(1)=(1,2)\&(2,3)=(1,2,2,3)$;

$L^2(3)=LL(3)=L(1,2)=L(1)\&L(2)=(2,3)\&(3,1)=(2,3,3,1)$;

$L^3(1)=LLL(1)=LL(2,3)=LL(2)\&LL(3)=(1,2,2,3)\&(2,3,3,1)=(1,2,2,3,2,3,3,1)$;

$L^3(2)=LLL(2)=LL(3,3)=LL(3)\&LL(1)=(2,3,3,1)\&(3,1,1,2)=(2,3,3,1,3,1,1,2)$;

$L^3(3)=LLL(3)=LL(1,2)=LL(1)\&LL(2)=(3,1,1,2)\&(1,2,2,3)=(3,1,1,2,1,2,2,3)$;

......

令

$$L^0(1) = (1),$$
$$L^0(2) = (2),$$
$$L^0(3) = (3),$$

可得到 L 算子的递推公式 $(n > 0)$:

$$L^n(1) = L^{n-1}(2,3) = L^{n-1}(2)\&L^{n-1}(3),$$
$$L^n(2) = L^{n-1}(3,1) = L^{n-1}(3)\&L^{n-1}(1),$$
$$L^n(3) = L^{n-1}(1,2) = L^{n-1}(1)\&L^{n-1}(2).$$

当 $U = (1,2,3)$ 时

$$L(1,2,3) = L(1)\&L(2)\&L(3) = (2,3,3,1,1,2),$$

$$L^2(1,2,3) = LL(1,2,3) = L(L(1)\&L(2)\&L(3))$$
$$= L(2,3,3,1,1,2) = L(2)\&L(3)\&L(3)\&L(1)\&L(1)\&L(2)$$
$$= (3,1)\&(1,2)\&(1,2)\&(2,3)\&(2,3)\&(3,1)$$
$$= (3,1,1,2,1,2,2,3,2,3,3,1).$$

R 算子把一个 m 维向量, 变换成一个 $2m$ 维向量, 其规则如下:

当 $U = (1)$ 时,
$$RU = R(1) = D(1) - L(1) = (3,2);$$

当 $U = (2)$ 时,
$$RU = R(2) = D(2) - L(2) = (3,1);$$

当 $U = (3)$ 时,
$$RU = R(3) = D(3) - L(3) = (2,1);$$

当 $U=(1, 2, 3)$ 时,

$$R(1,2,3) = R(1,2,3) = D(1,2,3) - \text{CYCLIC}(1,2,3) = (3,2,3,1,2,1),$$
$$R^2(1) = RR(1) = R(3,2) = R(3)\&R(2) = (2,1)\&(3,1) = (2,1,3,1),$$
$$R^2(2) = RR(2) = R(3,1) = R(3)\&R(1) = (2,1)\&(3,2) = (2,1,3,2),$$
$$R^2(3) = RR(3) = R(2,1) = R(2)\&R(1) = (3,1)\&(3,2) = (3,1,3,2);$$
......

令
$$R^0(1) = (1),$$
$$R^0(2) = (2),$$
$$R^0(3) = (3),$$

可得到 R 算子的递推公式 $(n > 0)$:
$$R^n(1) = R^{n-1}(3,2) = R^{n-1}(3)\&R^{n-1}(2);$$
$$R^n(2) = R^{n-1}(3,1) = R^{n-1}(3)\&R^{n-1}(1);$$
$$R^n(3) = R^{n-1}(2,1) = R^{n-1}(2)\&R^{n-1}(1).$$

当 $U = (1,2,3)$ 时
$$R(1,2,3) = R(1)\&R(2)\&R(3) = (3,2,3,1,2,1),$$
$$R^2(1,2,3) = RR(1,2,3) = R(R(1)\&R(2)\&RR(3))$$
$$= R(3,2,3,1,2,1)$$
$$= R(3)\&R(2)\&R(3)\&R(1)\&R(2)\&R(1)$$
$$= (2,1,3,1,2,1,3,2,3,1,3,2).$$

定义函数 $\text{prj}(U,v)$. 从向量 U 中取出所有 v 值的分量, 组成一个新向量. 例如, prj$((2,1,3,1,2,1,3,2,3,1,3,2),3) = (3,3,3,3)$.

约定: 把 n 个 v 构成的向量记为 $V(n,v)$. 例如, $(3,3,3,3,3,3)$ 记为 $V(6,3)$.

约定: L^n, R^n, D^n, 可仿照编程语言记作L^n, R^n, D^n.

把上述算子零次或多次施加到一个层向量或其子集, 构成算子表达式.

若按二叉树的结构, 对二叉树值树或值树的子树的根层向量一次或多次施加算子, 则可得到值树或值树的子树的任何一层的层向量.

图 1.5.1 的右增长单枝树, 若 Rt.$V = U$, 则值树各层向量为

$$L1.V = LU, \quad A1.V = RU, \quad L2.V = LRU, \quad A2.V = R^2U,$$
$$L3.V = LR^2U, \quad A3.V = R^3U, \quad L4.V = LR^3U, \quad L5.V = R^4U.$$

当 $U=(1,2,3)$ 时, 算子表达式表示整棵值树的层向量. 当 $U = (1)$ 或 (2) 或 (3) 时, 算子表达式分别表示值树的 1～子树、2～子树、3～子树的层向量.

图 1.5.1(a) 的右增长型单枝树的值树可表达为如下 "算子表达式组"(粗体是叶节点层, 下同):

$U, \boldsymbol{LU}, R^2U, \boldsymbol{LR^2U}, R^3U, \boldsymbol{LR^3U}, R^4U$.

图 1.5.1(b) 的左增长型单枝树的值树可表达为如下 "算子表达式组":

$U, LU, \boldsymbol{RU}, L^2U, \boldsymbol{RLU}, L^3U, \boldsymbol{RL^2U}, \boldsymbol{L^4U}, \boldsymbol{RL^3U}$.

图 1.5.2 的普通型单枝树的值树可表达为如下 "算子表达式组":

$U, \boldsymbol{LU}, RU, LRU, \boldsymbol{R^2U}, \boldsymbol{L^2RU}, RLRU, \boldsymbol{LRLRU}, \boldsymbol{R^2LRU}$.

求算子表达式的值, 从右到左逐次进行. 设 $U = (1,2,3)$, 则有

$$LR^3U = LR^3(1,2,3) = LR^2(3,2,3,1,2,1) = LR(2,1,3,1,2,1,3,2,3,1,3,2)$$
$$= L(3,1,3,2,2,1,3,2,3,1,3,2,2,1,3,1,2,1,3,2,2,1,3,1)$$
$$= (1,2,2,3,1,2,3,1,3,1,2,3,1,1,2,2,3,1,2,3,1,3,1,2,3,1,2,2,$$
$$3,3,1,2,3,1,2,3,1,3,1,2,3,1,2,2,3).$$

图 1.4.1 的五叶节点多枝树的值树可表达成

$U, LU, RU, \boldsymbol{L^2U}, \boldsymbol{RLU}, LDRU, RDRU, \boldsymbol{LRDRU}, \boldsymbol{R^2DRU}$.

完整二叉树 A 的值树可表达成

$U, \boldsymbol{LU}, RU, LRU, R^2U, L^2RU, RLRU, \boldsymbol{L^3RU}, RL^2RU, LRL^2RU, \boldsymbol{R^2L^2RU},$
$\boldsymbol{L^2RL^2RU}, \boldsymbol{RLRL^2RU}, \boldsymbol{LD^3RLRU}, \boldsymbol{RD^3RLRU}, \boldsymbol{LD^5R^2U}, RD^5R^2U,$
$LRD^5R^2U, \boldsymbol{R^2D^5R^2U}, \boldsymbol{L^2RD^5R^2U}, \boldsymbol{RLRD^5R^2U}$.

完整二叉树 B 的值树可表达成

$U, LU, \boldsymbol{RU}, L^2U, RLU, L^3U, \boldsymbol{RL^2U}, \boldsymbol{L^4U}, \boldsymbol{RL^3U}, LD^2RLU, \boldsymbol{RD^2RLU},$
$\boldsymbol{L^2D^2RLU}, RLD^2RLU, LRLD^2RLU, R^2LD^2RLU, \boldsymbol{L^2RLD^2RLU}, \boldsymbol{RLRLD^2RLU},$
$LDR^2LD^2RLU, \boldsymbol{RDR^2LD^2RLU}, \boldsymbol{L^2DR^2LD^2RLU}, \boldsymbol{RLDR^2LD^2RLU}$.

图 1.3.1 的有省略部分的二叉树, 设 N0.$V = U$, 则各实线部分节点层向量可表达为如下形式

(1) $U, \boldsymbol{LU}, \boldsymbol{RU}$;

(2) $U, \boldsymbol{LU}, RU\{, L^{m-1}RU\}, \boldsymbol{L^M RU}, m = 2, \cdots, M$;

(3) $U, LU\{, R^{n-1}LU\}, \boldsymbol{R^N LU}, \boldsymbol{D^N RU}, n = 2, \cdots, N$;

(4) $U, LU, RU\{, R^{n-1}LU\}, \boldsymbol{R^N LU}\{, L^{m-1}D^N RU\}, \boldsymbol{L^M D^N RU}, n = 2, \cdots, N$, $m = 2, \cdots, M$,

其中, $\{\}$ 表示其内部的算子表达式的 n 或 m 次取规定的值而得到多个具体表达式.

用算子表达式表示解向量表的层向量, 只要把二叉树的层向量表达式都扩展到有最多算子的那个表达式同样个数的算子即可. 以 5 叶多枝树为例, 其有最多算子的表达式有 4 个算子, 因此解向量表各层向量的算子表达式为

$$D^4 U, D^3 LU, D^3 RU, D^2 \boldsymbol{L^2 U}, D^2 \boldsymbol{RLU}, \boldsymbol{DLDRU}, DRDRU, \boldsymbol{LRDRU}, \boldsymbol{R^2 DRU}.$$

完整二叉树的 "算子表达式组" 只与二叉树的结构有关.

3.6　cyclic 表达式

由 cyclic() 函数的定义, 可得到如下等式:

$$\text{cyclic}(1)[1] = 2, \quad \text{cyclic}(1)[2] = 3,$$
$$\text{cyclic}(2)[1] = 3, \quad \text{cyclic}(2)[2] = 1,$$
$$\text{cyclic}(3)[1] = 1, \quad \text{cyclic}(3)[2] = 2,$$
$$\text{cyclic}(1)[1] = \text{cyclic}(3)[2] = 2, \quad \text{cyclic}(1)[2] = \text{cyclic}(2)[1] = 3,$$
$$\text{cyclic}(2)[1] = \text{cyclic}(1)[2] = 3, \quad \text{cyclic}(2)[2] = \text{cyclic}(3)[1] = 1,$$
$$\text{cyclic}(3)[1] = \text{cyclic}(2)[2] = 1, \quad \text{cyclic}(3)[2] = \text{cyclic}(1)[1] = 2,$$

以及

$$\text{cyclic}(\text{cyclic}(2)[1])[1] = \text{cyclic}(\text{cyclic}(1)[2])[1] = \text{cyclic}(\text{cyclic}(1)[1])[2]$$
$$= \text{cyclic}(\text{cyclic}(3)[2])[2] = 1,$$
$$\text{cyclic}(\text{cyclic}(3)[1])[1] = \text{cyclic}(\text{cyclic}(2)[2])[1] = \text{cyclic}(\text{cyclic}(2)[1])[2]$$
$$= \text{cyclic}(\text{cyclic}(1)[2])[2] = 2,$$
$$\text{cyclic}(\text{cyclic}(3)[1])[2] = \text{cyclic}(\text{cyclic}(2)[2])[2] = \text{cyclic}(\text{cyclic}(1)[1])[1]$$
$$= \text{cyclic}(\text{cyclic}(3)[2])[1] = 3.$$

令 $\text{cyclic}(t)[0] = t$, 则可有

$$(\text{cyclic}(\text{cyclic}(t)[1])[1] = \text{cyclic}(t)[(1+1)\text{MOD}3)] = \text{cyclic}(t)[2],$$
$$(\text{cyclic}(\text{cyclic}(t)[1])[2] = \text{cyclic}(t)[(1+2)\text{MOD}3)] = \text{cyclic}(t)[0] = t,$$
$$(\text{cyclic}(\text{cyclic}(t)[2])[1] = \text{cyclic}(t)[(2+1)\text{MOD}3)] = \text{cyclic}(t)[0] = t,$$
$$(\text{cyclic}(\text{cyclic}(t)[2])[2] = \text{cyclict}(t)[(2+2)\text{MOD}3)] = \text{cyclic}(t)[1],$$

其中 $t = 1, 2, 3.$

设当 $t = 1, 2, 3$; 且 $i, i_1, i_2, \cdots, i_n, i_{n+1} = 1, 2$; 且 $n \geqslant 0$ 时, 有

$$\text{cyclic}(\cdots(\text{cyclic}(t)[i_1])[i_2]\cdots)[i_n] = \text{cyclic}(t)[(i_1 + i_2 \cdots + i_n)\text{MOD3}]$$

成立, 令其中 $(i_1 + i_2 \cdots + i_n)\text{MOD3} = m$, 则

$$\text{cyclic}(\text{cyclic}(\cdots(\text{cyclic}(t)[i_1])[i_2]\cdots)[i_n])[i_{n+1}]$$
$$=\text{cyclic}(\text{cyclic}(t)[m])[i_{n+1}]$$
$$=\text{cyclic}(t)[(m + i_{n+1})\text{MOD3}]$$
$$=\text{cyclic}(t)[(i_1 + i_2 \cdots + i_n + i_{n+1})\text{MOD3}].$$

记 $\text{cyclic}(t)[i]$ 为 $t[i]$, $\text{cyclic}(\cdots(\text{cyclic}(t)[i_1])[i_2]\cdots)[i_n]$ 为 $t[i_1][i_2]\cdots[i_n]$ 或 $t[i_1, i, \cdots, i_n]$ 或 $t[i_1 i_2 \cdots i_n]$. 从而有等式

$$t[i_1][i_2]\cdots[i_n] = \text{cyclic}(\cdots(\text{cyclic}(t)[i_1])[i_2]\cdots)[i_n]$$
$$= \text{cyclic}(t)[(i_1 + i_2 \cdots + i_n)\text{MOD3}].$$

此处定义了一个集合 $Ix = \{[0], [1], [2]\}$ 及这个集合上的结合法 $[i_1][i_2] = [(i_1 + i_2)\text{MOD3}]$, 这个结合法是封闭的, 适合结合律, 满足交换律, Ix 存在 0 元素, 存在负元素. Ix 是 V_4 的子集.

另外, 此处还定义了另一个结合法 $t[i] = \text{cyclic}(t)[i] = (\text{IF}((t + i)\text{MOD3} = 0), 3, (t + i)\text{MOD3})$, 其中 $t \in V_4$ 且 $t \neq 0, [i] \in Ix$.

运算优先级由高到低约定为: Ix 中的运算: $[i][j]$、V_4 的元素 t 与 Ix 的元素 $[i]$ 运算: $t[i]$、V_4 中双目运算: $t_1 + t_2$.

根据定义 $t[i]$ 作为一个元素 $t[i] \in V_4$ 且 $t[i] \neq 0$, 即与 t 一样, $t[i]$ 是 V_4 中不为 0 的元素.

由于 $t[i] \in V_4$, 故满足 V_4 的结合法 $t_1[i_1] + t_2[i_2]$.

显然, 当 $t = t[0] = 1$ 时, $t[1] = 2$、$t[2] = 3$.

$$L(1[0]) = (1[1], 1[2]), L(1[1]) = (1[2], 1[0]), L(1[2]) = (1[0], 1[1]).$$
$$R(1[0]) = (1[2], 1[1]), R(1[1]) = (1[2], 1[0]), R(1[2]) = (1[1], 1[0]).$$

以二叉树的 "算子表达式组" 为向导可列出二叉树解向量的 "cyclic 表达式" 表, 它相当于一个解向量表. 以五叶节点多枝树为例, 其解向量可用如下 cyclic 表达式描述,

$$t, t[i_1], t - (t[i_1]),$$

$$t[i_1][i_2], t[i_1] - (t[i_1][i_2]),$$

$$(t - t[i_1])[i_3], (t - t[i_1]) - ((t - t[i_1])[i_3]),$$

$$((t - t[i_1]) - ((t - t[i_1])[i_3])[i_4]),$$

$$((t - t[i_1]) - (t - t[i_1])[i_3]) - (((t - t[i_1]) - (t - t[i_1])[i_3])[i_4]),$$

其中 $t = 1, 2, 3; i_1, i_2, i_3, i_4 = 1, 2.$

　　由于 $t - (t[i]) = t[i - (-1)^i (t\mathrm{MOD}2)]$, 记 $x(i, t) = i - (-1)^i (t\mathrm{MOD}2)$, (后面将验证), 则解向量的 cyclic 表达式 $t - (t[i_1])$ 可写成 $t[x(i_1, t)]$, 其中 $t[x(i_1, t)]$ 的两个 t, 可省略成 $t[x(i_1,)]$, 因此有

$$t[i_1] - t[i_1][i_2] = t[i_1][i_2 - (-1)^{i_2}(t[i_1]\mathrm{MOD}2)] = t[i_1][x(i_2, t[i_1])] = t[i_1][x(i_2,)];$$
$$(t - t[i_1]) - (t - t[i_1])[i_3] = t[x(i_1,)] - (t[x(i_1,)])[i_3] = t[x(i_1,)][x(i_3,)];$$
$$((t - t[i_1]) - (t - t[i_1])[i_3]) - ((t - t[i_1]) - (t - t[i_1])[i_3])[i_4]$$
$$= t[x(i_1,)][x(i_3,)] - (t[x(i_1,)][x(i_3,)])[i_4] = t[x(i_1,)][x(i_3,)][x(i_4,)].$$

引入 $x(i, t)$ 可使解向量的 cyclic 表达式描述简短一些,

$$t, \quad t[i_1], \quad t[x(i_1,)], \quad t[i_1][i_2], \quad t[i_1][x(i_2,)], \quad t[x(i_1,)][i_3], \quad t[x(i_1,)][x(i_3,)],$$
$$t[x(i_1,)][x(i_3,)][i_4], \quad t[x(i_1,)][x(i_3,)][x(i_4,)].$$

把具体值代入 cyclic 表达式中的 t, i_1, i_2, i_3, i_4, 得到解向量表 (表 3.6.1).

表 3.6.1　解向量表

Rt	A_1	A_2	L_1	L_2	L_3	A_3	L_4	L_5
U	LU	RU	L^2U	$RLUL$	DRU	RDRU	$LRDRU$	R^2DRU
1	1[1]	1[2]	1[1][1]	1[1][1]	1[2][1]	1[2][2]	1[2][2][1]	1[2][2][1]
1	1[1]	1[2]	1[1][1]	1[1][1]	1[2][1]	1[2][2]	1[2][2][2]	1[2][2][2]
1	1[1]	1[2]	1[1][1]	1[1][1]	1[2][2]	1[2][1]	1[2][1][1]	1[2][1][2]
1	1[1]	1[2]	1[1][1]	1[1][1]	1[2][2]	1[2][1]	1[2][1][2]	1[2][1][1]
1	1[1]	1[2]	1[1][2]	1[1][1]	1[2][1]	1[2][2]	1[2][2][1]	1[2][2][2]
1	1[1]	1[2]	1[1][2]	1[1][2]	1[2][1]	1[2][2]	1[2][2][2]	1[2][2][1]
1	1[1]	1[2]	1[1][2]	1[1][2]	1[2][2]	1[2][1]	1[2][1][1]	1[2][1][2]
1	1[1]	1[2]	1[1][2]	1[1][2]	1[2][2]	1[2][1]	1[2][1][2]	1[2][1][1]
1	1[2]	1[1]	1[2][1]	1[2][2]	1[1][1]	1[1][1]	1[1][1][1]	1[1][1][2]
1	1[2]	1[1]	1[2][1]	1[2][2]	1[1][1]	1[1][1]	1[1][1][2]	1[1][1][1]
1	1[2]	1[1]	1[2][1]	1[2][2]	1[1][2]	1[1][2]	1[1][2][1]	1[1][2][2]
1	1[2]	1[1]	1[2][1]	1[2][2]	1[1][2]	1[1][2]	1[1][2][2]	1[1][2][1]
1	1[2]	1[1]	1[2][2]	1[2][1]	1[1][1]	1[1][1]	1[1][1][2]	1[1][1][1]
1	1[2]	1[1]	1[2][2]	1[2][1]	1[1][1]	1[1][1]	1[1][1][2]	1[1][1][1]
1	1[2]	1[1]	1[2][2]	1[2][1]	1[1][2]	1[1][2]	1[1][2][1]	1[1][2][2]

Rt	A_1	A_2	L_1	L_2	L_3	A_3	L_4	L_5
U	LU	RU	$\boldsymbol{L^2U}$	$\boldsymbol{RLUL}$	$\boldsymbol{DRU}$	RDRU	$\boldsymbol{LRDRU}$	$\boldsymbol{R^2DRU}$
1	1[2]	1[1]	1[2][2]	1[2][1]	1[1][2]	1[1][2]	1[1][2][2]	1[1][2][1]
2	2[1]	2[1]	2[1][1]	2[1][2]	2[1][1]	2[1][2]	2[1][2][1]	2[1][2][1]
2	2[1]	2[1]	2[1][1]	2[1][2]	2[1][1]	2[1][2]	2[1][2][2]	2[1][2][2]
2	2[1]	2[1]	2[1][1]	2[1][2]	2[1][2]	2[1][1]	2[1][1][1]	2[1][1][1]
2	2[1]	2[1]	2[1][1]	2[1][2]	2[1][2]	2[1][1]	2[1][1][2]	2[1][1][1]
2	2[1]	2[1]	2[1][2]	2[1][1]	2[1][1]	2[1][2]	2[1][2][1]	2[1][2][2]
2	2[1]	2[1]	2[1][2]	2[1][1]	2[1][1]	2[1][2]	2[1][2][1]	2[1][2][2]
2	2[1]	2[1]	2[1][2]	2[1][1]	2[1][2]	2[1][1]	2[1][1][1]	2[1][1][2]
2	2[1]	2[1]	2[1][2]	2[1][1]	2[1][2]	2[1][1]	2[1][1][2]	2[1][1][1]
2	2[2]	2[2]	2[2][1]	2[2][2]	2[2][2]	2[2][2]	2[2][2][1]	2[2][2][2]
2	2[2]	2[2]	2[2][1]	2[2][2]	2[2][1]	2[2][2]	2[2][2][2]	2[2][2][1]
2	2[2]	2[2]	2[2][1]	2[2][2]	2[2][2]	2[2][1]	2[2][1][1]	2[2][1][1]
2	2[2]	2[2]	2[2][1]	2[2][2]	2[2][1]	2[2][2]	2[2][2][1]	2[2][2][2]
2	2[2]	2[2]	2[2][2]	2[2][1]	2[2][1]	2[2][2]	2[2][2][1]	2[2][2][1]
2	2[2]	2[2]	2[2][2]	2[2][1]	2[2][2]	2[2][1]	2[2][1][1]	2[2][1][1]
2	2[2]	2[2]	2[2][2]	2[2][1]	2[2][2]	2[2][1]	2[2][1][2]	2[2][1][2]
3	3[1]	3[2]	3[1][1]	3[1][2]	3[2][1]	3[2][1]	3[2][1][1]	3[2][1][2]
3	3[1]	3[2]	3[1][1]	3[1][2]	3[2][1]	3[2][1]	3[2][1][2]	3[2][1][1]
3	3[1]	3[2]	3[1][1]	3[1][2]	3[2][2]	3[2][2]	3[2][2][1]	3[2][2][2]
3	3[1]	3[2]	3[1][1]	3[1][2]	3[2][2]	3[2][2]	3[2][2][2]	3[2][2][1]
3	3[1]	3[2]	3[1][2]	3[1][1]	3[2][1]	3[2][1]	3[2][1][1]	3[2][1][2]
3	3[1]	3[2]	3[1][2]	3[1][1]	3[2][1]	3[2][1]	3[2][1][2]	3[2][1][1]
3	3[1]	3[2]	3[1][2]	3[1][1]	3[2][2]	3[2][2]	3[2][2][1]	3[2][2][2]
3	3[1]	3[2]	3[1][2]	3[1][1]	3[2][2]	3[2][2]	3[2][2][2]	3[2][2][1]
3	3[2]	3[1]	3[2][1]	3[2][1]	3[1][2]	3[1][2]	3[1][2][1]	3[1][2][2]
3	3[2]	3[1]	3[2][1]	3[2][1]	3[1][2]	3[1][2]	3[1][2][2]	3[1][2][1]
3	3[2]	3[1]	3[2][1]	3[2][1]	3[1][1]	3[1][2]	3[1][2][2]	3[1][2][2]
3	3[2]	3[1]	3[2][1]	3[2][1]	3[1][1]	3[1][2]	3[1][2][1]	3[1][2][2]
3	3[2]	3[1]	3[2][2]	3[2][2]	3[1][1]	3[1][2]	3[1][2][1]	3[1][2][2]
3	3[2]	3[1]	3[2][2]	3[2][2]	3[1][1]	3[1][2]	3[1][2][2]	3[1][2][1]
3	3[2]	3[1]	3[2][2]	3[2][2]	3[1][1]	3[1][2]	3[1][2][1]	3[1][2][2]
3	3[2]	3[1]	3[2][2]	3[2][2]	3[1][1]	3[1][2]	3[1][2][2]	3[1][2][1]

下面验证 cyclic 表达式的若干基本等式.

根据 $-(t[i])$、$(-t)[i]$ 真值表

t	$-(t[1])$	$-(t[2])$	$(-t)[1]$	$(-t)[2]$
1	2	1	1	2
2	1	3	3	1
3	3	2	2	3

有 $(-t)[1] = -(t[2])$, $(-t)[2] = -(t[1])$, 即

$$(-t)[i] = -(t[1 + (i\,\text{MOD}2)]), \quad -(t[i]) = (-t)[1 + (i\,\text{MOD}2)].$$

根据 $t - (t[i])$ 真值表

t	$t + t$	$t[1]$	$t - (t[1])$	$t[2]$	$t - (t[2])$	$(-t)[1]$	$(-t)[2]$
1	2	2	3	3	2	1	2
2	0	3	3	1	1	3	1
3	2	1	2	2	1	2	3

因此有

$t = 1$ 或 3 时, $t - (t[1]) = t[2]$, $t - (t[2]) = t[1]$,

$t = 2$ 时, $t - (t[1]) = t[1] = -(t[2])$, $t - (t[2]) = t[2] = -(t[1])$,

即有

$$t - (t[1]) = t[1 + (t\,\text{MOD}2)], \quad t - (t[2]) = t[2 - (t\,\text{MOD}2)],$$

一般化得

$$t - (t[i]) = t[i - (-1)^i(t\,\text{MOD}2)] = t[x(i,t)] = t[x(i,)],$$

也即有

$t = 1$ 或 3 时, $t - (t[i]) = t[1 + (i\,\text{MOD}2)]$,

$t = 2$ 时, $t - (t[i]) = -(t[1 + (i\,\text{MOD}2)])$,

一般化得

$$t - (t[i]) = (-1)^{t+1}(t[1 + (i\,\text{MOD}2)]) = (-1)^t(-t)[i].$$

令 $w(i) = 1 + (i\,\text{MOD}2)$, 则

$$t - (t[i]) = (-1)^{t+1}(t[1 + (i\,\text{MOD}2)]) = (-1)^{t+1}(t[w(i)]).$$

第4章 解向量空间的若干性质

4.1 值树形状的对称及雷同

不论完整二叉树有多么不同, 它们的值树的形状都是雷同的. 值树根有三个分枝, 连接三个值节点 1, 2, 3, 构成根层. 设连接根层值节点 2 的位于中间的枝为对称轴 X. 中间枝本身是关于 X 轴对称的, 另两个枝也是关于 X 轴对称的. 这三个枝的每个又有两个分枝 (分枝层 1), 分别取值 2, 3; 3, 1; 1, 2. 这六个枝在 X 轴两边各有三个, 也是关于 X 轴对称的. 这六个分枝各有一个延长枝 (延长枝层 1) , 分别取值 3, 2; 3, 1; 2, 1, 还是关于 X 轴对称的. 所有值树至此层取值和形状都是相同的. 这六个延长枝各有两个分枝 (分枝层 2), 它们的取值就有两种情况了, 可能是 3, 1; 1, 2; 1, 2; 2, 3; 2, 3; 3, 1(二叉树左枝), 也可能是 1, 2; 3, 1; 1, 2; 2, 3; 3, 1; 2, 3(二叉树右枝) . 这 12 个分枝又各有一个延长枝 (延长枝层 2) , $\cdots$, 直到值树的末梢 (图 4.1.1) . 值树的所有枝都是关于 X 轴对称的. 相同叶节点数二叉树的值树形状都是相同的. 叶节点越多值树越高、越宽. 分枝层的数量等于值树的阶. 图 4.1.1 是一棵 2 阶值树的形状.

值树的任何一个子树形状也都是雷同的. 通过它的根节点 s 沿它的生长方向画一个轴 Xs, 这棵子树是关于 Xs 轴对称的. 子树分枝层与延长枝层交替连接, 直到该子树的末梢.

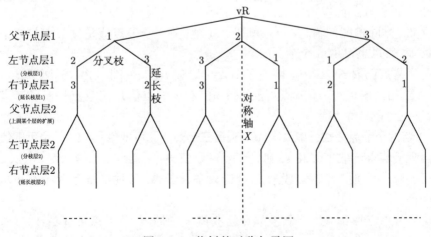

图 4.1.1 值树的对称与雷同

4.2　基本模块的值对应模式

根据约束条件 $N_{\mathrm{F}}.v = N_{\mathrm{L}}.v + N_{\mathrm{R}}.v$, $N_{\mathrm{F}}.v \neq 0$, $N_{\mathrm{L}}.v \neq 0$, $N_{\mathrm{R}}.v \neq 0$, 有如下值对应的实例:

若 $N_{\mathrm{F}}.v = 1$, 则 $(N_{\mathrm{L}}.v = 2, N_{\mathrm{R}}.v = 3)$ 或 $(N_{\mathrm{L}}.v = 3, N_{\mathrm{R}}.v = 2)$. 若 $N_{\mathrm{F}}.v = 1$ 或 $N_{\mathrm{F}}.v = 2$, 则 $(N_{\mathrm{L}}.v = 2, N_{\mathrm{R}}.v = 3)$ 或 $(N_{\mathrm{L}}.v = 3, N_{\mathrm{R}}.v = 2)$ 或 $(N_{\mathrm{L}}.v = 3, N_{\mathrm{R}}.v = 3)$ 或 $(N_{\mathrm{L}}.v = 1, N_{\mathrm{R}}.v = 1)$. $\cdots$.

取值数量的描述 "N_{F} 取了 1 个值, $N_{\mathrm{L}}, N_{\mathrm{R}}$ 分别可取 2 个值" "N_{F} 取了 2 个值, $N_{\mathrm{L}}, N_{\mathrm{R}}$ 分别可取 3 个值", 则称为值对应模式. 基本模块有 8 个值对应模式.

(1) **若一个节点已取 1 个值, 则其他两个节点分别可取 2 个值**.

设一子节点已取值 t, 则父节点可取 2 个值 $t[1]$、$t[2]$, 显然 $t \neq t[1]$、$t \neq t[2]$、$t[2] \neq t[1]$, 另一个子节点可取 2 个值 $t[1] - t$、$t[2] - t$.

设父节点已取值 t, 则左子节点可取值 $t[1], t[2]$, 右子节点可取值 $t - t[1], t - t[2]$.

(2) **若一个节点已取 2 个值, 则其他两个节点分别可取 3 个值**.

设一个子节点已取值 t_1、t_2, 则父节点可取值 $t_1[1]$、$t_1[2]$ 及 $t_2[1]$、$t_2[2]$, 排除相同的值, 父节点可取值 3 个; 另一子节点值是父节点与这个子节点的差, 所以也可取 3 个值.

设父节点已取 t_1、t_2, 则左子节点可取值 $t_1[1]$、$t_1[2]$ 及 $t_2[1]$、$t_2[2]$, 排除相同的值, 左子节点可取 3 个值; 右子节点值是父节点与左子节点的差, 所以可取 3 个值.

(3) **若一个节点已取 3 个值, 则其他两个节点分别可取 3 个值**.

设一个子节点已取值 t_1, t_2, t_3, 则父节点可取值 $t_1[1]$、$t_1[2]$、$t_2[1]$、$t_2[2]$ 及 $t_3[1]$、$t_3[2]$, 排除相同的值, 父节点可取 3 个值; 另一子节点值是父节点与这个子节点的差, 所以也可取 3 个值.

设父节点已取 t_1、t_2、t_3, 则左子节点可取值 $t_1[1]$、$t_1[2]$、$t_2[1]$、$t_2[2]$ 及 $t_3[1]$、$t_3[2]$, 排除相同的值, 左子节点可取 3 个值; 右子节点值是父节点与左子节点的差, 所以也可取 3 个值.

(4) **若两个节点分别已取 1 个值, 则第三个节点无可取值, 或有 1 个可取值**.

设两子节点已取值 t 及 s, 则父节点可取值 $t + s$. 当 $t = 1$、$s = 3$, $t = 2$、$s = 2$, $t = 3$、$s = 1$ 时, 父节点没有符合约束条件的值. 其他情况下父节点可取 1 个值.

设父节点已取值 t、一个子节点已取值 s, 则另一子节点可取值 $t - s$. 当 $t = 1$、$s = 1$, $t = 2$、$s = 2$, $t = 3$、$s = 3$ 时, 另一子节点没有符合约束条件的值.

其他情况下另一节点可取 1 个值.

(5) **若两个节点分别已取 1 个值与 2 个值, 则第三个节点可取 1 或 2 个值**.

设两个子节点已取值 t_1 及 s_1、s_2, 则父节点可取值为 $t_1 + s_1$、$t_1 + s_2$. 因为 $s_1 \neq s_2$, 所以 $t_1 + s_1$、$t_1 + s_2$ 中不会两个都等于 0. 故可能取 1 个值, 也可能取 2 个值.

当父节点已取值 t_1, 一个子节点已取值 s_1、s_2, 或父节点已取值 t_1、t_2, 一个子节点已取值 s_1, 也有如是结果.

(6) **若两个节点分别已取 2 个值, 则第三个节点可取 1、2 或 3 个值**.

设两子节点已取值 t_1、t_2 及 s_1、s_2, 则父节点可取值为 $t_1 + s_1$、$t_1 + s_2$、$t_2 + s_1$、$t_2 + s_2$.

当 $t_1 = 1$、$t_2 = 3$ 且 $s_1 = 1$、$s_2 = 3$ 时, 父节点可取 1 个值, 此值是 2;

当 $t_1 = 1$、$t_2 = 3$ 且 ($s_1 = 2$、$s_2 = 3$ 或 $s_1 = 1$、$s_2 = 2$) 时, 父节点可取 3 个值;

其余情况父节点可取 2 个值.

设父节点已取 t_1、t_2, 一子节点已取 s_1、s_2, 则另一子节点可取 $t_1 - s_1$、$t_1 - s_2$、$t_2 - s_1$、$t_2 - s_2$.

当 $t_1 = 1$、$t_2 = 3$ 且 $s_1 = 1$、$s_2 = 3$ 时, 另一个子节点可取 1 个值, 此值是 2;

当 $t_1 = 1$、$t_2 = 3$ 且 ($s_1 = 2$、$s_2 = 3$ 或 $s_1 = 1$、$s_2 = 2$) 时, 另一个子节点可取 3 个值;

当 $s_1 = 1$、$s_2 = 3$ 且 ($t_1 = 2$、$t_2 = 3$ 或 $t_1 = 1$、$t_2 = 2$) 时, 另一个子节点可取 3 个值;

其余情况另一个子节点可取 2 个值.

(7) **若一个节点已取 2 个值另一个已取 3 个值, 则第三个节点可取 3 个值**.

设两子节点已取值 t_1、t_2 及 s_1、s_2、s_3, 则父节点可取值为 $t_1 + s_1$、$t_1 + s_2$、$t_1 + s_3$, $t_2 + s_1$、$t_2 + s_2$、$t_2 + s_3$ 且 $t_1 + s_1 \neq t_1 + s_2 \neq t_1 + s_3, t_2 + s_1 \neq t_2 + s_2 \neq t_2 + s_3$; $t_1 + s_1 \neq t_2 + s_1, t_1 + s_2 \neq t_2 + s_2, t_1 + s_3 \neq t_2 + s_3$. 而 $t_1 + s_1$、$t_1 + s_2$、$t_1 + s_3$ 中有一个为 0, $t_2 + s_1$、$t_2 + s_2$、$t_2 + s_3$ 中有一个为 0. 剩下的 4 个中有 3 个不相等. 故父节点可取 3 个值.

当父节点已取值 t_1、t_2, 一个子节点已取值 s_1、s_2、s_3, 或父节点已取值 t_1、t_2、t_3, 一个子节点已取值 s_1、s_2, 也有如是结果.

(8) **若两个节点分别已取 3 个值, 则第三个节点可取 3 个值**.

推导过程同上.

注　"已取值" 是指在当前基本模块**外**不违背约束条件确定的当前模块节点的值的个数 (或值), "可取值" 是在当前基本模块**内**由约束条件根据 "可取值" 确定的值的个数 (或值).

当一个模块三个节点都是已取值时, 此处暂不讨论.

按 "已取值" 节点是否包括父节点以及父节点有几个已取值, 把每个模式分成几个子模式.

图 4.2.1 展示了一个已取值节点、两个可取值节点的模式 (1)、(2)、(3) 的子模式. 其中方括号数字是已取值节点已取值个数, 圆括号数字是可取值节点的可取值个数. (下同)

表 4.2.1 是用模式 (1)、(2)、(3) 的子模式的已取值、根据约束条件计算的结果.

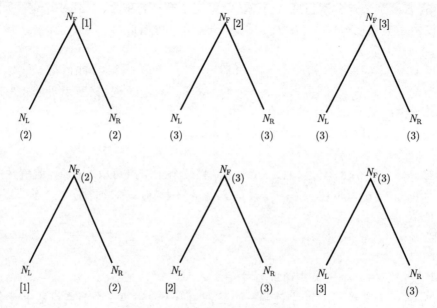

图 4.2.1   基本模块的值对应子模式 1

表 4.2.1   值对应子模式 1 的基本元素

列序号	1	2	3	4	5	6
N_F 值	1	1	2	2	3	3
N_L 值	2	3	1	3	1	2
N_R 值	3	2	1	3	2	1

列序号	1	2	3	4	5	6
N_F 值	2	3	1	3	1	2
N_L 值	1	1	2	2	3	3
N_R 值	1	2	3	1	2	3

表 4.2.1 上表的 1、2 列, 3、4 列, 5、6 列是图 4.2.1 的上左图的实例.

表 4.2.1 上表的 1、2、3、4 列, 3、4、5、6 列, 5、6、1、2 列是图 4.2.1 的上中图的实例.

表 4.2.1 上表的 1、2、3、4、5、6 列是图 4.2.1 的上右图的实例.

表 4.2.1 下表的 1、2 列, 3、4 列, 5、6 列是图 4.2.1 的下左图的实例.

表 4.2.1 下表的 1、2、3、4 列, 3、4、5、6 列, 5、6、1、2 列是图 4.2.1 的下中图的实例.

表 4.2.1 下表的 1、2、3、4、5、6 列是图 4.2.1 的下右图的实例.

表 4.2.1 给出了基本模块的全部解向量.

图 4.2.2 和图 4.2.3 展示了两个已取值节点、一个可取值节点的模式 (4) 至模式 (8) 的子模式.

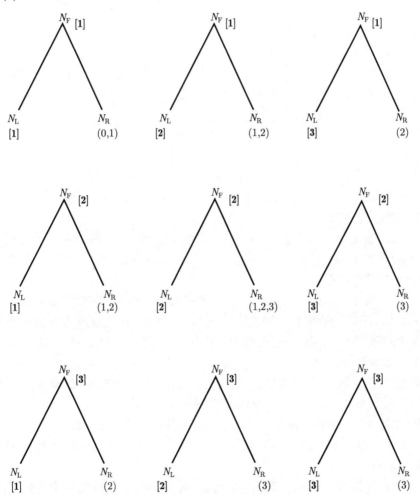

图 4.2.2 基本模块的值对应子模式 2

表 4.2.2   值对应子模式 2 的基本元素

列序号	1	2	3	4	5	6	7	8	9
N_F 值	1	1	1	2	2	2	3	3	3
N_L 值	1	2	3	1	2	3	1	2	3
N_R 值	0	3	2	1	0	3	2	1	0

图 4.2.2 展示的是模式 (4) 至模式 (8) 的子模式, 它的两个取值节点中有一个是父节点.

表 4.2.2 是用模式 (4) 至模式 (8) 的子模式的已取值、根据约束条件计算的结果.

表 4.2.2 的 1 列, 2 列, 3 列, 4 列, 5 列, 6 列, 7 列, 8 列, 9 列是图 4.2.2 的上左图的实例.

表 4.2.2 的 1、2 列, 2、3 列, 3、1 列, 4、5 列, 5、6 列, 6、4 列, 7、8 列, 8、9 列, 9、7 列是图 4.2.2 的上中图的实例.

表 4.2.2 的 1、2、3 列, 4、5、6 列, 7、8、9 列是图 4.2.2 的上右图的实例.

表 4.2.2 的 1、4 列, 4、7 列, 7、1 列, 2、5 列, 5、8 列, 8、2 列, 3、6 列, 6、9 列, 9、3 列是图 4.2.2 的中左图的实例.

表 4.2.2 的 1、2、4、5 列, 2、3、5、6 列, 3、1、6、4 列, 4、5、7、8 列, 5、6、8、9 列, 6、4、9、7 列, 7、8、1、2 列, 8、9、2、3 列, 9、7、3、1 列是图 4.2.2 的中中图的实例.

表 4.2.2 的 1、2、3、4、5、6 列, 4、5、6、7、8、9 列, 7、8、9、1、2、3 列是图 4.2.2 的中右图的实例.

表 4.2.2 的 1、4、7 列, 2、5、8 列, 3、6、9 列是图 4.2.2 的下左图的实例.

表 4.2.2 的 1、2、4、5、7、8 列, 2、3、5、6、8、9 列, 3、1、6、4、9、7 列是图 4.2.2 的下中图的实例.

表 4.2.2 的 1、2、3、4、5、6、7、8、9 列是图 4.2.2 的下右图的实例.

图 4.2.2 的上左图每个实例是表 4.2.2 的一个列. 右子节点为 0 值的列不是基本模块的解. 故父节点与左子节点取值为 (1,1)、(2,2)、(3,3) 的 1、5、9 列实例不能提供基本模块的解.

图 4.2.2 除上左图外的其他图, 每个实例由多于两个列组成, 至少有一列的右子节点值不为 0. 故每个实例都能提供基本模块的解.

例如, 图 4.2.2 的中中图有 9 个实例, 每个都由 4 列组成. 其中

1、2、4、5 列, 2、3、5、6 列, 4、5、7、8 列, 5、6、8、9 列这四个实例的右子节点分别可取 2 个值.

3、1、6、4 列, 6、4、9、7 列, 7、8、1、2 列, 8、9、2、3 列这四个实例的右子节点分别可取 3 个值.

9、7、3、1 列这一个实例的右子节点只可取 1 个值.

表 4.2.2 不含 0 的列给出了基本模块的全部解向量.

图 4.2.3 展示的是模式 (4) 至模式 (8) 的子模式, 它的两个已取值节点都是子节点.

表 4.2.3 是用模式 (4) 至模式 (8) 的子模式的已取值、根据约束条件计算的结果.

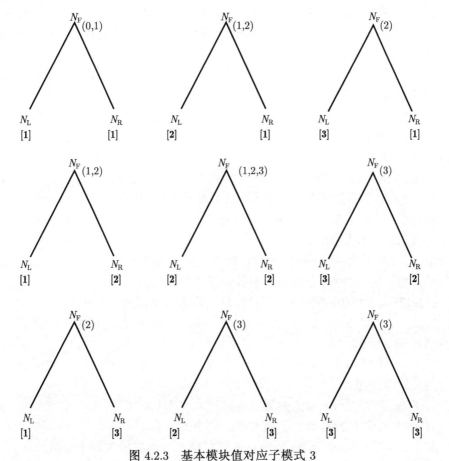

图 4.2.3 基本模块值对应子模式 3

表 4.2.3 值对应子模式 3 的基本元素

列序号	1	2	3	4	5	6	7	8	9
N_F 值	2	3	0	3	0	1	0	1	2
N_L 值	1	1	1	2	2	2	3	3	3
N_R 值	1	2	3	1	2	3	1	2	3

表 4.2.3 的 1 列, 2 列, 3 列, 4 列, 5 列, 6 列, 7 列, 8 列, 9 列是图 4.2.3 的上左

图的实例.

表 4.2.3 的 1、4 列, 4、7 列, 7、1 列, 2、5 列, 5、8 列, 8、2 列, 3、6 列, 6、9 列, 9、3 列是图 4.2.3 的上中图的实例.

表 4.2.3 的 1、4、7 列, 2、5、8 列, 3、6、9 列是图 4.2.3 的上右图的实例.

表 4.2.3 的 1、2 列, 2、3 列, 3、1 列, 4、5 列, 5、6 列, 6、4 列, 7、8 列, 8、9 列, 9、7 列是图 4.2.3 的中左图的实例.

表 4.2.3 的 1、2、4、5 列, 2、3、5、6 列, 3、1、6、4 列, 4、5、7、8 列, 5、6、8、9 列, 6、4、9、7 列, 7、8、1、2 列, 8、9、2、3 列, 9、7、3、1 列是图 4.2.3 的中中图的实例.

表 4.2.3 的 1、2、4、5、7、8 列, 2、3、5、6、8、9 列, 3、1、6、4、9、7 列是图 4.2.3 的中右图的实例.

表 4.2.3 的 1、2、3 列, 4、5、6 列, 7、8、9 列是图 4.2.3 的下左图的实例.

表 4.2.3 的 1、2、3、4、5、6 列, 4、5、6、7、8、9 列, 7、8、9、1、2、3 列是图 4.2.3 的下中图的实例.

表 4.2.3 的 1、2、3、4、5、6、7、8、9 列是图 4.2.3 的下右图的实例.

图 4.2.3 上左图的每个实例是表 4.2.3 的一个列, 父节点为 0 值的列不是基本模块的解. 故左子节点与右子节点取值为 (1, 3)、(2, 2)、(3, 1) 的 3、5、7 列实例不能提供基本模块的解.

图 4.2.3 除了上左图外的其他图, 每个实例由多于两个列组成, 至少在一列中父节点值不为 0. 故每个实例都能提供基本模块的解.

例如, 图 4.2.3 的中图有 9 个实例, 每个都由 4 列组成. 其中

1、2、4、5 列, 2、3、5、6 列, 4、5、7、8 列, 5、6、8、9 列这四个实例的父节点分别可取 2 个值.

3、1、6、4 列, 6、4、9、7 列, 7、8、1、2 列, 8、9、2、3 列这四个实例的父节点分别可取 3 个值.

9、7、3、1 列这一个实例的父节点只可取 1 个值.

表 4.2.3 不含 0 的列给出了基本模块的全部解向量.

图 4.2.1～图 4.2.3 所示 24 个图是基本模块的全部的值对应子模式.

由上述子模式与基本模块解向量表的对照分析, 可以看到: 基本模块的三个节点可取值个数都大于 0 的子模式都能提供模块的解. 若有一个节点可取值个数等于 0, 则不能提供基本模块的解. 所以有以下定理.

定理 4.1　基本模块三个节点的已取值个数及可取值个数都大于 0, 基本模块有解, 否则无解.

4.3 二叉树的值对应模式

基本模块间有两种连接方式: 串联、并联. 二叉树是基本模块串联构成的. 设多个基本模块通过两种连接构成图 G. 对图 G 的某些节点给定值的个数 (或值) 这些节点就有了已取值, 从一个给定节点值的模块出发, 以基本模块为单位, 并穷尽 G 的基本模块, 根据模块中节点的已取值, 用基本模块值对应模式 (或约束条件), 求未知值的节点的可取值个数 (或值) 的过程称为 "推演". **若当前模块的三个节点都是已取值, 则不适合继续 "推演".**

通过推演, 可得到基本模块值对应模式应用于二叉树的一些结果.

(1) 若一棵二叉树的根节点已取 1 个值, 则根节点的 2 个子节点分别可取 2 个值, 此外的任何一个节点都分别可取 3 个值 (图 4.3.1).

(2) 若一棵二叉树的 1 个非根节点已取 1 个值, 则其父节点、兄弟节点及子节点 (若存在) 分别可取 2 个值, 此外的任何一个节点都分别可取 3 个值 (图 4.3.2).

推论 二叉树一个节点已取 1 个值, 则同模块的两个节点可取 2 个值, 该二叉树其他节点都可取 3 个值.

(3) 在推论状态下, 取这样一个节点 L_i, 它可取 3 个值且同模块其他节点也可取 3 个值. 若 L_i 节点**只取**可取值中的 2 个值, 则不影响其他节点的取值状态 (图 4.3.3(a) 及图 4.3.3(b)).

(4) 在推论状态下, 取这样一个节点 L_i, 它可取 3 个值而同模块的另一个节点只可取 2 个值 t_1、t_2. 若 L_i 节点**只取**可取值中的 2 个值 s_1、s_2, 则可能影响其近亲节点的取值 (图 4.3.4(a)、图 4.3.4(b) 及图 4.3.4(c)).

设 L_i 是子节点.

(i) 当 $t_1 = s_1 = 1$、$t_2 = s_2 = 3$ 时, 则 L_i 的兄弟节点 L_j 只可取 1 个值 (此值是 2), L_j 若非叶节点, 其子节点只可取 2 个值 (1 和 3)(图 4.3.4(c1));

(ii) 当 ($t_1 = 2$、$t_2 = 3$ 或 $t_1 = 1$、$t_2 = 2$) 且 ($s_1 = 2$、$s_2 = 3$ 或 $s_1 = 1$、$s_2 = 2$) 值时, 则 L_i 的兄弟节点 L_j 只可取 2 个值, 但不影响其他节点的可取值 (图 4.3.4(c2)(c3));

(iii) 当 ($t_1 = 1$、$t_2 = 3$) 且 ($s_1 = 2$、$s_2 = 3$ 或 $s_1 = 1$、$s_2 = 2$) 时, 则不影响 L_j 及其他节点的可取值 (图 4.3.4(c4));

(iv) 当 ($s_1 = 1$、$s_2 = 3$) 且 ($t_1 = 2$、$t_2 = 3$ 或 $t_1 = 1$、$t_2 = 2$) 时, 则不影响 L_j 及其他节点的可取值 (图 4.3.4(c5)).

当 L_i 是父节点时, 也有类似的结论不再赘述:

上述 (i)、(ii)、(iii)、(iv) 对应的图上, 把具体值与值的个数的推演放在一起 (图 4.3.4(c1)~(c5)).

(5) 若一棵二叉树的 1 个节点已取 3 个值, 则任何一个节点都可取 3 个值 (图 4.3.5(a) 及图 4.3.5(b)) . 或者说, 二叉树的全部节点都可取 3 个值.

(6) 若一棵二叉树有 1 个节点已取 2 个值, 则其他节点都分别可取 3 个值 (图 4.3.6) .

(7) 若一棵二叉树的所有叶节点分别可取 3 个值, 那么这棵树的所有节点都分别可取 3 个值 (图 4.3.7).

图中花括号的节点是已取值的, 其他的节点是可取值的. 带底色的节点是推演的起点. 带圆括号的数字表示已取值或可取值的个数. 无括号的数字是已取的或可取的值. 逗号隔开的数字表示数字间 "或" 的关系.

结果 (1) 至 (7) 都是显而易见的. 例如, 结果 (7) 由基本模块值对应模式 (8) 归纳可得.

根据值对应模式 (8), 对于是兄弟节点的两个叶节点 (图 4.3.7 的 L_1、L_2 及 L_4、L_5) , 由于 2 个叶节点分别可取 3 个值, 故它们的父节点可取 3 个值 (图 4.3.7 的 A_1、A_3) . 称这样的父节点为**第 1 层**父节点. 第 1 层的每个父节点可取 3 个值而不影响叶节点和第一层其他父节点的分别可取 3 个值.

第 1 层的每个父节点, 或者①与相邻的叶节点为兄弟节点 (图 4.3.7 的 L_3、A_3), 或者②两个相邻的第 1 层父节点为兄弟节点, 或者③兄弟节点在后面的父节点层. 除情况③, 由于兄弟节点分别可取 3 个值, 故它们的父节点 (图 4.3.7 的 A_2), 称为**第 2 层**父节点, 也是可取 3 个值的, 且不影响叶节点、第 1 层父节点及第 2 层其他父节点的分别可取 3 个值.

设前 n 层父节点都分别可取 3 个值, 第 n 层的每个父节点或者①与相邻的叶节点为兄弟节点, 或者②与相邻的第 1 至第 n 层的一个父节点为兄弟节点 (图 4.3.7 的 A_2、A_1), 或者③兄弟节点在后面的父节点层. 除情况③, 由于兄弟节点分别可取 3 个值, 故它们的父节点, 称为**第 $n+1$ 层**父节点, 也是分别可取 3 个值的, 且不影响叶节点、第 1 至 n 层父节点及第 $n+1$ 层其他父节点的分别可取 3 个值.

最后, 当第 $n+1$ 层父节点是根节点时, 根节点也可取 3 个值.

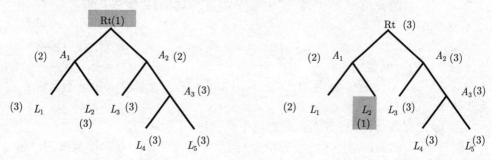

图 4.3.1   结果 (1) 的推演   图 4.3.2   结果 (2) 的推演

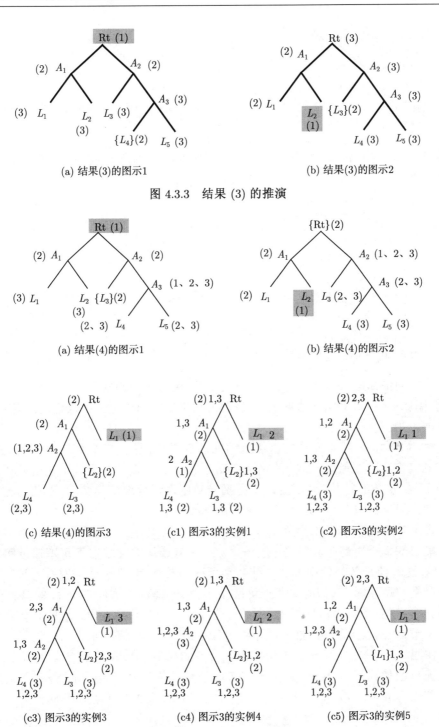

(a) 结果(3)的图示1　　　　　(b) 结果(3)的图示2

图 4.3.3　结果 (3) 的推演

(a) 结果(4)的图示1　　　　　(b) 结果(4)的图示2

(c) 结果(4)的图示3　　(c1) 图示3的实例1　　(c2) 图示3的实例2

(c3) 图示3的实例3　　(c4) 图示3的实例4　　(c5) 图示3的实例5

图 4.3.4　结果 (4) 的推演

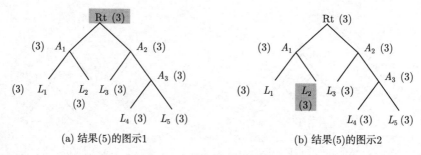

(a) 结果(5)的图示1   (b) 结果(5)的图示2

图 4.3.5   结果 (5) 的推演

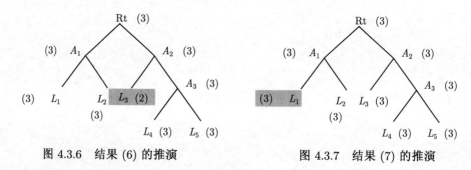

图 4.3.6   结果 (6) 的推演   图 4.3.7   结果 (7) 的推演

值树的浓缩图 (3.3 节) 清楚地展示了二叉树值对应模式与二叉树解向量的关系. 图 4.3.8 用浓缩图方法展示二叉树 B 确定了叶节点值 (以及值的个数) 后的推演过程.

树 B 的 10 个基本模块的值树浓缩图形都是相同的. 每个模块前 2 行是子节点的名字、已取值及已取值的个数, 第三行是父节点的名字、可取值及可取值的个数. 粗体的行是叶节点的行. 圆括号数字表示已取的具体值, 花括号数字是父节点可取的具体值, 方括号中数字是值的个数.

设定叶节点各取了 1 个值.

根据基本模块值对应模式 (4), 一、二、三号模块的父节点**无可取值或可取 1 个值**, 这取决于各模块中的 2 个叶节点所取的具体值. 当子节点取的具体值为圆括号数字所示时, 它们的父节点可取 1 个值, 即确定了 B_3、B_7、B_9 的具体值. 从而得到了树 B 一个解向量的一部分. 试想, 在一号模块中若 L_2 的具体值为 3, 则父节点 B_3 无可取值, 推演就不必继续了. 二、三号模块亦有如此情况.

在四、五号模块中, 叶节点与作为子节点的权节点都取了 1 个值, 它们的父节点**无可取值或可取 1 个值**, 当子节点取的具体值为圆括号数字所示, 则它们的父节点可取 1 个值, 即确定了 B_2、B_8 的具体值. 又得到了上述解向量的另一部分.

六号模块中, 作为子节点的 2 个权节点都取了 1 个值, 它们的父节点**无可取**

值或可取 1 个值, 当子节点取的具体值为斜体数字所示, 则它们的父节点可取 1 个值, 即确定了 B_6 的具体值.

七号模块与四、五号模块相似, 叶节点与作为子节点的权节点都取了 1 个值, 它们的父节点**无可取值或可取 1 个值**, 当子节点取的具体值为圆括号数字所示, 则它们的父节点可取 1 个值, 即确定了 B_5 的具体值.

八、十号模块与七号模块相似, 九号模块与六号模块相似.

推演的每一步都增加了上述解向量的一部分分量. 推演结束, 得到了这个解向量的全部分量.

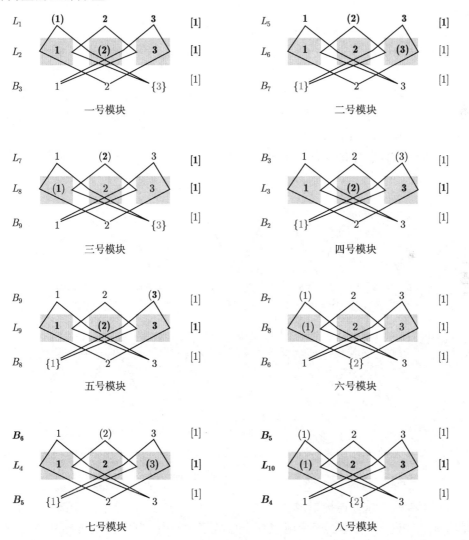

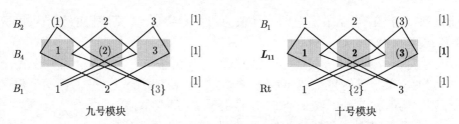

图 4.3.8   二叉树 B 给定叶节点值后的推演

当全部叶节点分别取了 3 个值时, 推演可建立二叉树的值对应模式和解向量表.

因此, 对于完整二叉树的推演有如下结论.

定理 4.2   若不出现一个模块三个节点都是已取值事件, 当二叉树的每个节点的已取值个数和可取值个数都大于 0 时, 该二叉树有解, 否则无解.

基本模块并联连接而成的图也可以进行推演, 当叶节点全部取了 3 个值时, 只要不出现一个模块三个节点都是已取值事件, 可以穷尽图上所有模块, 建立其值对应模式及解向量表.

基本模块并联图的推演, 如图 4.3.9 所示.

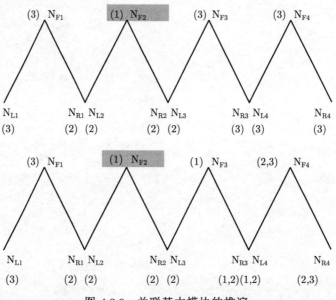

图 4.3.9   并联基本模块的推演

由基本模块混合连接形成的图 G 也可以进行推演, 当叶节点全部取了 3 个值时, 若不出现一个模块三个节点都是已取值的事件, 则经推演可建立图 G 的值对应模式, 以及 G 的解向量表. 如图 4.3.10 及表 4.3.1 所示.

因此, 对于图 G 的推演有如下结论.

定理 4.3 若不出现一个模块三个节点都是已取值事件, 当图 G 的每个节点的已取值个数和可取值个数都大于 0 时, 图 G 有解, 否则无解.

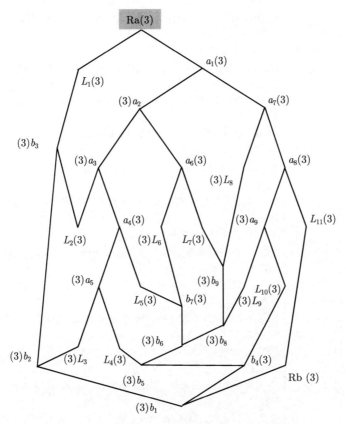

图 4.3.10 混合连接基本模块构成的图的推演

表 4.3.1 混合连接基本模块构成的图的解向量

节点名	值	值数	说明
Rt	2	(1)	给定 Rt 与 L_1 的取值个数, 都取 1 个值. 此处 Rt 取值为 2
L_1	3 1	(1)	L_1 可取值为 1 或 3, 此处 L_1 取值为 1
A_1	3 1	(1)	由基本模块值对应模式, A_1 可取值个数是 0 或 1. 由 Rt 与 L_1 的值决定了 A_1 的可取值是 1. A_1 可取 1 个值
A_1	1	(1)	A_1 已取 1 个值, 此值为 1
A_2	2 3	(1)	给定 A_2 取值个数为 1. 父节点已取 1 个值 1, 此处 A_2 从可取值 2、3 中选 2
A_7	3 2	(1)	A_7 可取值个数是 0 或 1. 因 A_2 选择了 2, 故 A_7 可取值 3. A_7 可取 1 个值
A_2	2	(1)	A_2 已取 1 个值, 此值为 2

节点名	值	值数	说明
	A_3	3 1	**(1)**	给定 A_3 取值个数为 1. 父节点已取 1 个值 2, 此处 A_3 从可取值 1 和 3 中选值 1
	A_6	3 1	(1)	A_6 可取值个数是 0 或 1. 因 A_3 值选择了 1, 故 A_6 可取值 1. A_6 可取 1 个值
	A_3	1	(1)	A_3 已取 1 个值, 此值为 1
	L_2	**2** 3	**(1)**	给定 L_2 取值个数为 1. 父节点已取 1 个值 1, 此处 L_2 从可取值 2、3 中选值 2
	A_4	3 2	(1)	A_4 可取值个数是 0 或 1. 因 L_2 值选择了 2, 故 A_4 可取值 3. A_4 可取 1 个值
$L_1 + L_2$	B_3	3	(1)	B_3 是 L_1、L_2 的父节点, 可取值个数是 0 或 1. 此处可取 1 个值, 此值是 3
	A_4	3	(1)	A_4 已取 1 个值, 此值为 3
	A_5	**1** 2	**(1)**	给定 A_5 取值个数为 1. 父节点已取 1 个值 3, 此处 A_5 从可取值 1、2 中选值 1
	L_5	**2** 1	(1)	L_5 可取值个数是 0 或 1. 因 A_5 值选择了 1, 故 L_5 可取值 2. L_5 可取 1 个值
	A_5	1	**(1)**	A_5 已取 1 个值, 此值为 1
	L_3	**2** 3	**(1)**	给定 L_3 取值个数为 1. 父节点已取 1 个值 1, 此处 L_3 从可取值 2、3 中选值 2
	L_4	**3** 2	(1)	L_4 可取值个数是 0 或 1. 因 L_3 值选择了 2, 故 L_4 可取值 3. L_4 可取 1 个值
$B_3 + L_3$	B_2	1	(1)	B_2 是 B_3、L_3 的父节点, 可取值个数是 0 或 1. 此处可取 1 个值, 此值是 1
	A_6	1	**(1)**	A_6 已取 1 个值, 此值为 1
	L_6	2 **3**	**(1)**	给定 L_6 取值个数为 1. 父节点已取 1 个值 1, 此处 L_6 从可取值 2、3 中选值 3
	L_7	3 **2**	(1)	L_7 可取值个数是 0 或 1. 因 L_6 值选择了 3, 故 L_7 可取值 2. L_7 可取 1 个值
$L_5 + L_6$	B_7	1	(1)	B_7 是 L_5、L_6 的父节点, 可取值个数是 0 或 1. 此处可取 1 个值, 此值是 1
	A_7	3	**(1)**	A_7 已取 1 个值, 此值为 3
	L_8	**1** 2	**(1)**	给定 L_8 取值个数为 1. 父节点已取 1 个值 3, 此处 L_8 从可取值 1、2 中选值 1
	A_8	2 1	(1)	A_8 可取值个数是 0 或 1. 因 L_8 值选择了 1, 故 A_8 可取值 2. A_8 可取 1 个值
$L_7 + L_8$	B_9	3	(1)	B_9 是 L_7、L_8 的父节点, 可取值个数是 0 或 1. 此处可取 1 个值, 此值是 3
	A_8	2	**(1)**	A_8 已取 1 个值, 此值为 2
	A_9	3 1	**(1)**	给定 A_9 取值个数为 1. 父节点已取 1 个值 2, 此处 A_9 从可取值 1、3 中选值 3
	L_{11}	**3** 1	(1)	L_{11} 可取值个数是 0 或 1. 因 A_9 值选择了 3, 故 L_{11} 可取值 3. L_{11} 可取 1 个值
	A_9	3	**(1)**	A_9 已取 1 个值, 此值为 3
	L_9	1 **2**	**(1)**	给定 L_9 取值个数为 1. 父节点已取 1 个值 3, 此处 L_9 从可取值 1、2 中

	节点名	值	值数	说明
	L_{10}	2 **1**	(1)	选值 2 L_{10} 可取值个数是 0 或 1. 因 L_9 值选择了 2, 故 L_{10} 可取值 1. L_{10} 可取 1 个值
$B_9 + L_9$	B_8	1	(1)	B_8 是 B_9、L_9 的父节点, 可取值个数是 0 或 1. 此处可取1个值, 此值是 1
$B_7 + B_8$	B_6	2	(1)	B_6 是 B_7、B_8 的父节点, 可取值个数是 0 或 1. 此处可取1个值, 此值是 2
$B_6 + L_4$	B_5	1	(1)	B_5 是 B_6、L_4 的父节点, 可取值个数是 0 或 1. 此处可取1个值, 此值是 1
$B_5 + L_{10}$	B_4	2	(1)	B_4 是B_5、L_{10} 的父节点, 可取值个数是 0 或 1. 此处可取1个值, 此值是 2
$B_2 + B_4$	B_1	3	(1)	B_1 是B_2、B_4 的父节点, 可取值个数是 0 或 1. 此处可取1个值, 此值是 3
$B_1 + L_{11}$	Rt	2	(1)	Rt 是 B_1、L_{11} 的父节点, 可取值个数是 0 或 1. 此处可取1个值, 此值是 2

4.4 层向量的分量

4.4.1 值树层向量中的分量对

除了根节点的层向量, 值树的其他层向量的分量是成对出现的, 一对分量属于值模块的一个值单元. 当 $N_F.v = t$ 时,

$$N_L.v[i] = t[i], \quad N_R.v[i] = t - t[i], \quad i = 1, 2.$$

由定义可知 $t[1] \neq t[2], t - t[1] \neq t - t[2]$, 即值树层向量中同一个父节点的两相邻的分量, 值是不相等的. 它们与其父节点也不相等.

因此, 若值树层向量或解向量表的没扩展的层向量为

$$x[1], x[2], \cdots, x[2n],$$

则

$$x[2i - 1] \neq x[2i], \quad 其中 i = 1, 2, \cdots, n.$$

任何一个解向量是一条从根层的一个值节点到梢层的一个值节点的路径上的值节点值组成的. 末梢节点的数量等于解向量的数量. 存在两个解向量, 它们只有末梢节点和次末梢节点处的分量不相同.

4.4.2 层向量的对称反值

若一个向量 $(X_1, X_2, \cdots, X_n)$, 当 n 为偶数时, 有

$$X_i = X_{n-i+1}, \quad i = 1, 2, \cdots, n/2,$$

当 n 为奇数时, 有

$$X_i = X_{n-i+1}, \quad i = 1, 2, \cdots, (n-1)/2,$$

则称该向量是对称的.

若一个向量 $(X_1, X_2, \cdots, X_n)$, 当 n 为偶数时, 有

$$X_i = -X_{n-i+1}, \quad i = 1, 2, \cdots, n/2,$$

当 n 为奇数时, 有

$$X_i = -X_{n-i+1}, \quad i = 1, 2, \cdots, (n-1)/2,$$
$$X_i = -X_i, \quad i = (n+1)/2,$$

则称该向量是对称反值的.

由 cyclic() 的定义可知

$$\text{cyclic}(1)[1] = -\text{cyclic}(3)[2], \quad \text{即} 1[1] = -(3[2]);$$
$$\text{cyclic}(1)[2] = -\text{cyclic}(3)[1], \quad \text{即} 1[2] = -(3[1]);$$
$$\text{cyclic}(2)[1] = -\text{cyclic}(2)[2], \quad \text{即} 2[1] = -(2[2]).$$

一般地, 若 $t = -s$, 则

$$t[1] = -(s[2]),$$
$$t[2] = -(s[1]).$$

根层向量 $(x, y, z) = (1, 2, 3)$, 显然有 $1 = x = -z = -3, 2 = y = -y = -2$, 因此是对称反值的. 其左子节点层向量

$$N_\text{L}.V = (1[1], 1[2], 2[1], 2[2], 3[1], 3[2]) = (1[1], 1[2], 2[1], -(2[1]), -(1[2]), -(1[1]))$$

也是对称反值的.

同样, 其右子节点层向量

$$N_\text{R}.V = (1 - 1[1], 1 - 1[2], 2 - 2[1], 2 - 2[2], 3 - 3[1], 3 - 3[2])$$
$$= (1 - 1[1], 1 - 1[2], 2 - 2[1], -2 + 2[1], -1 + 1[2], -1 + 1[1])$$

也是对称反值的.

设值树的任一层向量 $N_\text{F} = (x_1, x_2, \cdots, x_i)$ 是对称反值的, 则其子节点层向量

$$N_\text{L}.V = (x_1[1], x_1[2], x_2[1], x_2[2], \cdots, x_i[1], x_i[2])$$
$$= (x_1[1], x_1[2], x_2[1], x_2[2], \cdots, -(x_1[2]), -(x_1[1])),$$
$$N_\text{R}.V = (x_1 - (x_1)[1], x_1 - (x_1)[2], x_2 - (x_2)[1], x_2 - (x_2)[2], \cdots,$$
$$x_i - (x_i)[1], x_i - (x_i)[2])$$

$$= (x_1 - (x_1)[1], x_1 - (x_1)[2], x_2 - (x_2)[1], x_2 - (x_2)[2], \cdots,$$
$$- x_1 + (x_1)[2], -x_1 + (x_1)[1])$$

也是对称反值的.

归纳可知, 值树的任何一个层向量都是对称反值的.

显然, 一个层向量是对称反值的, 它的扩展向量也是对称反值的.

因此, 无论值树还是解向量表, 层向量都是对称反值的. 若设层向量是 $x[1]$, $x[2], \cdots, x[2n]$, 则 $x[i] = -x[2n + 1 - i]$, 其中 $i = 1, 2, \cdots, n$.

两个向量都是对称反值的, 它们的和也是对称反值的:

$$X = (x_1, x_2, \cdots, x_n), \quad Y = (y_1, y_2, \cdots, y_n),$$

其中 $x_i = -x_{n-i+1}, y_i = -y_{n-i+1}$, 则

$$x_i + y_i = (-x_{n-i+1}) + (-y_{n-i+1}) = -(x_{n-i+1} + y_{n-i+1}).$$

在值树的最大子树中, 2~子树本身的层向量是对称反值的, 1~子树本身的层向量不是对称反值的, 3~子树本身的层向量也不是对称反值的. 并列的 1~子树层向量、3~子树层向量是对称反值的.

4.4.3 解向量对

层向量的同位置的分量组成一个解向量. 由层向量的对称反值性, 则若二叉树有一个解向量为 $(x_1, x_2, \cdots, x_n)$, 则一定存在另一个解向量为 $(-x_1, -x_2, \cdots, -x_n)$.

称解向量 $(x_1, x_2, \cdots, x_n)$ 与解向量 $(-x_1, -x_2, \cdots, -x_n)$ 为解向量对.

在解向量表 (值树) 中删除数个解向量对, 解向量表 (值树) 的层向量仍然是对称反值的.

4.4.4 层向量的值数

解向量表的任一层向量中 1、2、3 三个值每一个出现的次数 (简称为 "值数") 相同, 都是 2^{m-1}.

在值树中根层 1、2、3 三个值的值数相同, 都为 $1 = 2^0$.

在根层的子节点层,

$N_L.V = (1[1], 1[2], 2[1], 2[2], 3[1], 3[2]) = (2, 3, 3, 1, 1, 2)$,

$N_R.V = (1 - 1[1], 1 - 1[2], 2 - 2[1], 2 - 2[2], 3 - 3[1], 3 - 3[2]) = (3, 2, 3, 1, 2, 1)$,

1、2、3 三个值的值数相同, 都为 $2 = 2^1$.

显然, 若在值树中一个权节点层向量中 1、2、3 三个值的值数相同, 都为 $s = 2^k$. 那么在其子节点层 1、2、3 三个值的值数相同, 都为 $2s = 2^{k+1}$.

设在值树中一个节点层向量 L_i 中 1、2、3 三个值的值数相同, 都为 $s = 2^k$, 并且 L_i 之前生成的层向量三个值的值数相同.

又设 Mv 是与 L_i 相连的值模块, Fv 是 Mv 的父节点层向量, 那么 Fv 可能是 L_i 或 L_i 的兄弟节点层向量, 也可能是 L_i 之前生成的层向量扩展到与 L_i 相同维数. 扩展不影响 1、2、3 三个值的值数的比例. 故在扩展后的层向量中 1、2、3 三个值出现次数仍然相同, 且与上述的叶节点层向量 L_i 的值数相等, 都为 $s = 2^k$.

显然该父节点的子节点层 1、2、3 三个值的值数相同, 都为 $2s = 2^{k+1}$.

综上所述, 值树的任何一个层向量中, 1、2、3 三个值的值数都是相同的, 且都是 2 的幂.

把值树的层向量都扩展到本值树层向量的最大维数, 就构成了解向量表. 因此解向量表的层向量中 1、2、3 三个值的值数都是相同的, 它都等于解向量的个数的三分之一, 即 2^{m-1}. 然而, 值树最大子树的层向量中 1、2、3 三个值的值数不是完全相同的.

第 5 章 值 数 公 式

5.1 值数三元组

层向量中各个值的出现次数可用值数三元组 (x, y, z) 来表示, 其中第一个分量表示值 1 出现次数, 第二个分量表示值 2 出现次数, 第三个分量表示值 3 出现次数. 据 4.4 节, 层向量中值数三元组都为 (s, s, s). 在这里值数三元组没什么意义. 但是, 对于值树的子树, 其层向量中 1、2、3 三个值出现次数不是完全相同的. 这里值数三元组就有了用武之地.

一棵值树有很多子树, 这里首先讨论一种特定的子树, 称为 "单枝值子树". 值树是由二叉树派生的. 单枝二叉树派生的值树中的三棵最大子树, 每棵都是单值子树, 三棵最大子树总称为单枝值子树族. 任何二叉树都包含单枝子树. 所以每棵值树都包含单枝值子树. 从值树的算子表达式角度来看, 单枝值子树是算子表达式组不含 D 算子的子树.

用 $(x, y, z)_t$ 表达单枝值子树层向量中各个值出现的次数. 其中下标 t 是单枝值子树根的标记值 (当上下文已明确根标记值或不需要指出根时, 下标可省略).

定义一个产生值数三元组的函数 $\mathrm{TRI}(A)$, 其中 A 是一个层向量, 函数值是个值数三元组, 表示 A 中 1、2、3 三个值出现的次数. 对于 $\mathrm{TRI}()$ 显然有

$$\mathrm{TRI}(A_1 \& A_2) = \mathrm{TRI}(A_1) + \mathrm{TRI}(A_2).$$

据 3.4 节, 当 $U = (1)$ 或 (2) 或 (3), 算子表达式表示单枝值子树各层的层向量, U 是单枝值子树的根层向量. 在根层有

$$U = L^0(1), \quad \mathrm{TRI}(L^0(1)) = (1, 0, 0), \quad x = 1, y = z = 0,$$

$$U = L^0(2), \quad \mathrm{TRI}(L^0(2)) = (0, 1, 0), \quad y = 1, x = z = 0,$$

$$U = L^0(3), \quad \mathrm{TRI}(L^0(3)) = (0, 0, 1), \quad z = 1, y = x = 0$$

或

$$U = R^0(1), \quad \mathrm{TRI}(R^0(1)) = (1, 0, 0), \quad x = 1, y = z = 0,$$

$$U = R^0(2), \quad \mathrm{TRI}(R^0(2)) = (0, 1, 0), \quad y = 1, x = z = 0,$$

$$U = R^0(3), \quad \mathrm{TRI}(R^0(3)) = (0, 0, 1), \quad z = 1, y = x = 0.$$

在根的子节点层,

$U = L(1),$ $\mathrm{TRI}(L(1)) = \mathrm{TRI}(L^0(2)) + \mathrm{TRI}(L^0(3)) = (0,1,0) + (0,0,1) = (0,1,1),$
$y = z = 1, x = 0,$
$U = L(2),$ $\mathrm{TRI}(L(2)) = \mathrm{TRI}(L^0(3)) + \mathrm{TRI}(L^0(1)) = (0,0,1) + (1,0,0) = (1,0,1),$
$x = z = 1, y = 0,$
$U = L(3),$ $\mathrm{TRI}(L(3)) = \mathrm{TRI}(L^0(1)) + \mathrm{TRI}(L^0(2)) = (1,0,0) + (0,1,0) = (1,1,0),$
$x = y = 1, z = 0,$
$U = R(1),$ $\mathrm{TRI}(R(1)) = \mathrm{TRI}(R^0(2)) + \mathrm{TRI}(R^0(3)) = (0,1,0) + (0,0,1) = (0,1,1),$
$y = z = 1, x = 0,$
$U = R(2),$ $\mathrm{TRI}(R(2)) = \mathrm{TRI}(R^0(3)) + \mathrm{TRI}(R^0(1)) = (0,0,1) + (1,0,0) = (1,0,1),$
$x = z = 1, y = 0,$
$U = R(3),$ $\mathrm{TRI}(R(3)) = \mathrm{TRI}(R^0(1)) + \mathrm{TRI}(R^0(2)) = (1,0,0) + (0,1,0) = (1,1,0),$
$x = y = 1, z = 0.$

在根的子节点的子节点层,

$U = L^2(1),$ $\mathrm{TRI}(L^2(1)) = \mathrm{TRI}(L(2)) + \mathrm{TRI}(L(3)) = (1,0,1) + (1,1,0) = (2,1,1),$
$y = z = 1, x = 2,$
$U = L^2(2),$ $\mathrm{TRI}(L^2(2)) = \mathrm{TRI}(L(3)) + \mathrm{TRI}(L(1)) = (1,1,0) + (0,1,1) = (1,2,1),$
$x = z = 1, y = 2,$
$U = L^2(3),$ $\mathrm{TRI}(L^2(3)) = \mathrm{TRI}(L(1)) + \mathrm{TRI}(L(2)) = (0,1,1) + (1,0,1) = (1,1,2),$
$x = y = 1, z = 2,$
$U = R^2(1),$ $\mathrm{TRI}(R^2(1)) = \mathrm{TRI}(R(2)) + \mathrm{TRI}(R(3)) = (1,0,1) + (1,1,0) = (2,1,1),$
$y = z = 1, x = 2,$
$U = R^2(2),$ $\mathrm{TRI}(R^2(2)) = \mathrm{TRI}(R(3)) + \mathrm{TRI}(R(1)) = (1,1,0) + (0,1,1) = (1,2,1),$
$x = z = 1, y = 2,$
$U = R^2(3),$ $\mathrm{TRI}(R^2(3)) = \mathrm{TRI}(R(1)) + \mathrm{TRI}(R(2)) = (0,1,1) + (1,0,1) = (1,1,2),$
$x = y = 1, z = 2.$

由于左右子节点层的值数三元组是相同的, 故在讨论值数三元组时把它们看作同一层, 把 L 和 R 算子看成是等同的, 且以 L 与 R 算子合计数作为讨论值数三元组时的层数. 例如:

$$U = LR(1),\quad \mathrm{TRI}(LR(1)) = \mathrm{TRI}(L^2(1)) = \mathrm{TRI}(L(2)) + \mathrm{TRI}(L(3))$$
$$= (1,0,1) + (1,1,0) = (2,1,1),\quad y = z = 1, x = 2,$$
$$U = LR(2),\quad \mathrm{TRI}(LR(2)) = \mathrm{TRI}(L^2(2)) = \mathrm{TRI}(L(3)) + \mathrm{TRI}(L(1))$$

$$= (1, 1, 0) + (0, 1, 1) = (1, 2, 1), \quad x = z = 1, y = 2,$$
$$U = LR(3), \mathrm{TRI}(LR(3)) = \mathrm{TRI}(L^2(3)) = \mathrm{TRI}(L(1)) + \mathrm{TRI}(L(2))$$
$$= (0, 1, 1) + (1, 0, 1) = (1, 1, 2), \quad x = y = 1, z = 2.$$

单枝二叉树的整棵值树各层向量的值数三元组是三棵最大子树的相应层向量的值数三元组之和:

$$U = (1, 2, 3), \quad \mathrm{TRI}(L^0 U) = \mathrm{TRI}(L^0(1)) + \mathrm{TRI}(L^0(2)) + \mathrm{TRI}(L^0(3)) = (1, 1, 1),$$
$$x = y = z = 1,$$
$$\mathrm{TRI}(L^2 U) = \mathrm{TRI}(L^2(1)) + \mathrm{TRI}(L^2(2)) + \mathrm{TRI}(L^2(3)) = (4, 4, 4),$$
$$x = y = z = 4.$$

由于有 $\mathrm{TRI}(A_1 \& A_2) = \mathrm{TRI}(A_1) + \mathrm{TRI}(A_2)$, 因而算子递推公式在 $\mathrm{TRI}(A)$ 中是成立的. 下面是一个复杂一些的例子:

当 $U = (LR^3(1))$ 时,

$$\begin{aligned} \mathrm{TRI}(LR^3(1)) &= \mathrm{TRI}(LR^2(2) \& LR^2(3)) \\ &= \mathrm{TRI}(LR^2(2)) + \mathrm{TRI}(LR^2(3)) \\ &= \mathrm{TRI}(LR(3)) + \mathrm{TRI}(LR(1)) + \mathrm{TRI}(LR(1)) + \mathrm{TRI}(L(2)) \\ &= (1, 1, 2) + (2, 1, 1) + (2, 1, 1) + (1, 2, 1) = (6, 5, 5), \end{aligned}$$

即 $x = 6, y = z = 5$.

若值数三元组的三个分量中, 有两个是相等的, 则称为标准值数三元组.

5.2 求值数三元组的其他方法

方法 1 约定 $< (x, y, z) = (y, z, x)$ 表示循环左移一次, $<< (x, y, z) = (z, x, y)$ 表示循环左移两次. 在下面等式中, 下标表示根的值, 上标表示层数.

当 $U = (1)$ 时, $(x, y, z)_1^0 = (1, 0, 0) = < (0, 1, 0) = << (0, 0, 1)$,

当 $U = (2)$ 时, $(x, y, z)_2^0 = (0, 1, 0) = < (0, 0, 1) = << (1, 0, 0)$,

当 $U = (3)$ 时, $(x, y, z)_3^0 = (0, 0, 1) = < (1, 0, 0) = << (0, 1, 0)$,

$(x, y, z)_1^1 = < (x, y, z)_1^0 + << (x, y, z)_1^0 = (0, 0, 1) + (0, 1, 0) = (0, 1, 1)$,

$(x, y, z)_2^1 = < (x, y, z)_2^0 + << (x, y, z)_2^0 = (1, 0, 0) + (0, 0, 1) = (1, 0, 1)$,

$(x, y, z)_3^1 = < (x, y, z)_3^0 + << (x, y, z)_3^0 = (0, 1, 0) + (1, 0, 0) = (1, 1, 0)$,

$(x, y, z)_1^2 = < (x, y, z)_1^1 + << (x, y, z)_1^1 = (1, 1, 0) + (1, 0, 1) = (2, 1, 1)$,

$(x, y, z)_2^2 = < (x, y, z)_2^1 + << (x, y, z)_2^1 = (0, 1, 1) + (1, 1, 0) = (1, 2, 1)$,

$(x, y, z)_3^2 = < (x, y, z)_3^1 + << (x, y, z)_3^1 = (1, 0, 1) + (0, 1, 1) = (1, 1, 2)$.

$$\cdots\cdots$$

一般地, 可递归表达为

$$(x,y,z)_1^m = <(x,y,z)_1^{m-1} + <<(x,y,z)_1^{m-1},$$
$$(x,y,z)_2^m = <(x,y,z)_2^{m-1} + <<(x,y,z)_2^{m-1},$$
$$(x,y,z)_3^m = <(x,y,z)_3^{m-1} + <<(x,y,z)_3^{m-1}.$$

引理 5.1　对于单枝值子树各层的层向量, 其值数三元组是标准值数三元组, 一个与其他两个不相等的分量是单枝值子树的根值在该层向量中出现的次数. 对于单枝值子树族的三棵单枝值子树, 它们的同层向量的三元组中根值的分量是彼此相等的, 非根值的分量也是彼此相等的.

事实上, 上面 TRI() 的例子已可看出: 在单枝值子树的根层向量 (0 层) 及其子节点层向量 (1 层) 中, 引理 5.1 是成立的.

单枝值子树的某权节点层是第 m 层, 设在 m 层上述引理是成立的. 令其值数三元组为

$$(x,y,z)_1^m = (p,q,q),$$
$$(x,y,z)_2^m = (q,p,q),$$
$$(x,y,z)_3^m = (q,q,p),$$

那么, 对于该节点层的子节点层有

$$(x,y,z)_1^{m+1} = <(x,y,z)_1^m + <<(x,y,z)_1^m = (q,q,p) + (q,p,q) = (q+q,p+q,p+q),$$
$$(x,y,z)_2^{m+1} = <(x,y,z)_2^m + <<(x,y,z)_2^m = (p,q,q) + (q,q,p) = (p+q,q+q,p+q),$$
$$(x,y,z)_3^{m+1} = <(x,y,z)_3^m + <<(x,y,z)_3^m = (q,p,q) + (p,q,q) = (p+q,p+q,q+q).$$

可见引理 5.1 是成立的. 从而, 该引理对于单枝值子树的任意层向量是成立的. 所以可令根值的分量为 p, 两个非根值的分量为 q. 而不必提及单枝值子树的具体的根值.

方法 2　设单枝值子树根值为 t. 其一个权节点层在第 n 层, 它的值数三元组中, t 的分量为 x_t, 其他两个分量为 x, 则

(1) 在第 $n+1$ 层的层向量中, t 对应的分量为 $2x$, 其他两个分量为 $x_t + x$. 即有

$$x_t^{(n)} = 2x^{(n-1)}, \quad x^{(n)} = x_t^{(n-1)} + x^{(n-1)}$$

(2) 在 $n-1$ 层的层向量中, t 对应的分量为 $(2x - x_t)/2$, 其他两个分量为 $x_t/2$.

事实上, 结论 (1) 在引理 5.1 的证明中已给出了.

$t = 1$ 时,

$$(q+q,p+q,p+q),$$

$t = 2$ 时,

$$(p + q, q + q, p + q),$$

$t = 3$ 时,

$$(p + q, p + q, q + q),$$

其中 p 是此处 n 层的 x_t, q 是此处 n 层的 x, 所以 $n + 1$ 层有

$t = 1$ 时,

$$(2x, x_t + x, x_t + x),$$

$t = 2$ 时,

$$(x_t + x, 2x, x_t + x),$$

$t = 3$ 时,

$$(x_t + x, x_t + x, 2x).$$

结论 (2) 是结论 (1) 的逆运算: 此处 p, q 是 $n - 1$ 层的, x, x_t 是 n 层的, 所以

$$p + q = x, \quad q + q = x_t, q = x_t/2, \quad p = x - x_t/2 = (2x - x_t)/2.$$

5.3 值数公式

引理 5.2　单枝值子树 Tv-t 根值为 t, 各层向量的值数三元组中 $|x_t - x| = 1$. 其中 x_t 是根值 t 的分量, x 是非根值的分量.

当算子表达式只有一个 L 算子或 R 算子时,

$$\text{TRI}(L(1)) = (0, 1, 1), \quad \text{TRI}(L(2)) = (1, 0, 1), \quad \text{TRI}(L(1)) = (1, 1, 0);$$
$$\text{TRI}(R(1)) = (0, 1, 1), \quad \text{TRI}(R(2)) = (1, 0, 1), \quad \text{TRI}(R(1)) = (1, 1, 0).$$

引理 5.2 成立.

约定 i 个 L 算子和 j 个 R 算子的表达式为 $\text{ARITH}_{ij}(t)$, 设引理 5.2 对于 $\text{ARITH}_{ij}(t)$ 成立, 即

$$\text{TRI}(\text{ARITH}_{ij}(1)) = (x_t, x, x),$$
$$\text{TRI}(\text{ARITH}_{ij}(2)) = (x, x_t, x),$$
$$\text{TRI}(\text{ARITH}_{ij}(3)) = (x, x, x_t),$$
$$|x_t - x| = 1.$$

再增加一个 L 算子或 (和)R 算子, 根据递推公式有

$$\mathrm{TRI}(\mathrm{L}(\mathrm{ARITH}_{ij}(1))) = \mathrm{TRI}(\mathrm{ARITH}_{ij}(2)) + \mathrm{TRI}(\mathrm{ARITH}_{ij}(3))$$
$$= (x + x, x_t + x, x_t + x),$$
$$\mathrm{TRI}(\mathrm{L}(\mathrm{ARITH}_{ij}(2))) = \mathrm{TRI}(\mathrm{ARITH}_{ij}(3)) + \mathrm{TRI}(\mathrm{ARITH}_{ij}(1))$$
$$= (x_t + x, x + x, x_t + x),$$
$$\mathrm{TRI}(\mathrm{L}(\mathrm{ARITH}_{ij}(3))) = \mathrm{TRI}(\mathrm{ARITH}_{ij}(1)) + \mathrm{TRI}(\mathrm{ARITH}_{ij}(2))$$
$$= (x_t + x, x_t + x, x + x)$$

或 (和)

$$\mathrm{TRI}(\mathrm{R}(\mathrm{ARITH}_{ij}(1))) = \mathrm{TRI}(\mathrm{ARITH}_{ij}(3)) + \mathrm{TRI}(\mathrm{ARITH}_{ij}(2))$$
$$= (x + x, x_t + x, x_t + x),$$
$$\mathrm{TRI}(\mathrm{R}(\mathrm{ARITH}_{ij}(2))) = \mathrm{TRI}(\mathrm{ARITH}_{ij}(3)) + \mathrm{TRI}(\mathrm{ARITH}_{ij}(1))$$
$$= (x_t + x, x + x, x_t + x),$$
$$\mathrm{TRI}(\mathrm{R}(\mathrm{ARITH}_{ij}(3))) = \mathrm{TRI}(\mathrm{ARITH}_{ij}(2)) + \mathrm{TRI}(\mathrm{ARITH}_{ij}(1))$$
$$= (x_t + x, x_t + x, x + x),$$
$$|(x_t + x) - (x + x)| = |x_t - x| = 1.$$

可见, 引理 5.2 对 $i+1$ 个 L 算子或 (和)$j+1$ 个 R 算子时是成立的.

根据引理 5.2, 在 Tv-t 的某层向量中, 值 t 出现次数为 x_t, 另外两个值出现次数为 x, 且有 $|x_t - x| = 1$. 显然, Tv-t 的该层向量的分量数 $f = x_t + 2x$. 由此可以推出:

当 $x_t > x$ 时, 有 $x_t = (f + 2)/3$; 当 $x_t < x$ 时, 有 $x_t = (f - 2)/3$, 以及 $x = (f - x_t)/2$.

由 $f + 2$ 可被 3 整除可知 $f \mathrm{MOD} 3 = 1$; 由 $f - 2$ 可被 3 整除可知 $f \mathrm{MOD} 3 = 2$. 因此有

当 $f \mathrm{MOD} 3 = 1$ 时, 有 $x_t = (f + 2)/3$; 当 $f \mathrm{MOD} 3 = 2$ 时, 有 $x_t = (f - 2)/3$, 以及 $x = (f - x_t)/2$.

由此可见, f 决定单枝值子树 Tv-t 各层向量中各个值的个数. 而 $f = 2^m$, m 是从单枝值子树根标记值开始的算子表达式中 L 与 R 算子的个数之和. 因此, 算子表达式中 L 和 R 算子的个数决定单枝值子树的各层中各个值出现的次数. 当 m 为奇数时, $2^m \mathrm{MOD} 3$ 是 2, 当 m 为偶数时 $2^m \mathrm{MOD} 3$ 是 1. 所以有

$$x_t = (2^m + (-1)^m \times 2)/3,$$
$$x = (2^m - (-1)^m)/3,$$
$$|x_t - x| = |((2^m + (-1)^m \times 2)/3 - (2^m - (-1)^m)/3| = |(-1)^m| = 1.$$

由 D 算子的定义可知, 若某层不计 D 算子时各值的个数为 (x,y,z), 其算子表达式中有 s 个 D 算子, 则该层的各值个数为

$$(x,y,z)_t * 2^s.$$

例如, 算子表达式 D^3RLRU 表示在其对应的值树子树层中各值个数为

$$\text{TRI}(RLRU) * 2^3 = \text{TRI}(L^3U) * 2^3$$
$$U = (u) = (1), \quad \text{TRI}(L^3U) * 2^3 = (2,3,3) * 8 = (16,24,24),$$
$$U = (u) = (2), \quad \text{TRI}(L^3U) * 2^3 = (3,2,3) * 8 = (24,16,24),$$
$$U = (u) = (3), \quad \text{TRI}(L^3U) * 2^3 = (3,3,2) * 8 = (24,24,16).$$

算子表达式 $DR^2D^5R^2U$, 各值个数为

$$\text{TRI}(R^4U) * 2^6,$$
$$U = (1), \quad \text{TRI}(R^4U) * 2^6 = (6,5,5) * 64 = (384,320,320),$$
$$U = (2), \quad \text{TRI}(R^4U) * 2^6 = (5,6,5) * 64 = (320,384,320),$$
$$U = (3), \quad \text{TRI}(R^4U) * 2^6 = (5,5,6) * 64 = (320,320,384).$$

这样, 引理 5.2 就可推广到任意二叉树值树的最大子树.

引理 5.3 Tv 是一棵值树, Tv-t 是 Tv 的一棵最大子树, t 是 Tv-t 的根标记值, 在 Tv-t 中的层向量的值数三元组中, t 对应的分量设为 x_t, 其他分量为 x, 则有 "值数公式一":

$$x = (2^m - (-1)^m)/3 \times 2^s,$$
$$x_t = (2^m + (-1)^m \times 2)/3 \times 2^s,$$
$$x_t - x = (-1)^m \times 2^s,$$

其中 $m \geqslant 0$ 是 Tv-t 层向量的算子表达式中 L, R 算子的合计数, $s \geqslant 0$ 是 D 算子的个数.

设二叉树 T 的子树 Ta 的根节点为 A. 在二叉树 T 的值树 Tv 中, T 的节点 A 有层向量 A, 据层向量中各个值出现的次数, 层向量 A 包含 2^n 个 1, 2^n 个 2, 2^n 个 3, T 的子树 Ta 上的另一节点 B 在 T 的值树上有层向量 B. 根据值数公式一, A 的值 1 的 1 个出现对应 B 的值数三元组可设为 (p,q,q)、A 的值 2 的一个出现对应 B 的值数三元组可设为 (q,p,q)、A 的值 3 的一个出现对应 B 的值数三元组可为 (q,q,p). 那么 A 的各值的各自 2^n 次出现, 分别对应 B 的值数三元组为 $(p,q,q) * 2^n$、$(q,p,q) * 2^n$、$(q,q,p) * 2^n$. 设 $p+q+q = h$.

在解向量表中, 该二叉树层向量 A 和层向量 B 都被扩展到 $3w = 3 * 2^k$ 维 (表 5.3.1), $k \geqslant n$. $\text{TRI}(A) = \text{TRI}(B) = (w,w,w)$.

表 5.3.1　解向量表中层向量 A 和 B 的对应关系的示意

	A11	A12	A13	A21	A22	A23	A31	A32	A33
A		A1			A2			A3	
	1⋯	1⋯	1⋯	2⋯	2⋯	2⋯	3⋯	3⋯	3⋯
	⋮	⋮	⋮	⋮	⋮	⋮	⋮	⋮	⋮
	1⋯	2⋯	3⋯	1⋯	2⋯	3⋯	1⋯	2⋯	3⋯
B		B1			B2			B3	
	B11	B12	B13	B21	B22	B23	B31	B32	B33

约定: $U \longleftrightarrow V$ 表示 U, V 两个集合的元素是一一对应的.

令 $A1 = \mathrm{prj}(A, 1), A2 = \mathrm{prj}(A, 2), A3 = \mathrm{prj}(A, 3)$, 即有

$$A1 \longleftrightarrow B1 = V(w * p/h, 1)\&V(w * q/h, 2)\&V(w * q/h, 3) \subset B,$$
$$\mathrm{TRI}(B1) = w * (p, q, q)/h;$$
$$A2 \longleftrightarrow B2 = V(w * q/h, 1)\&V(w * p/h, 2)\&V(w * q/h, 3) \subset B,$$
$$\mathrm{TRI}(B2) = w * (q, p, q)/h;$$
$$A3 \longleftrightarrow B3 = V(w * q/h, 1)\&V(w * q/h, 2)\&V(w * p/h, 3) \subset B,$$
$$\mathrm{TRI}(B3) = w * (q, q, p)/h.$$

不计顺序, 有 $A = A1\&A2\&A3, B = B1\&B2\&B3$.

设 $B11 = \mathrm{prj}(B1, 1), B12 = \mathrm{prj}(B1, 2), B13 = \mathrm{prj}(B1, 3)$, 可有

$$B11 \longleftrightarrow A11 = V(p * w/h, 1) \subset A1,$$
$$B12 \longleftrightarrow A12 = V(q * w/h, 1) \subset A1,$$
$$B13 \longleftrightarrow A13 = V(q * w/h, 1) \subset A1.$$

设 $B21 = \mathrm{prj}(B2, 1), B22 = \mathrm{prj}(B2, 2), B23 = \mathrm{prj}(B2, 3)$, 可有

$$B21 \longleftrightarrow A21 = V(q * w/h, 2) \subset A2,$$
$$B22 \longleftrightarrow A22 = V(p * w/h, 2) \subset A2,$$
$$B23 \longleftrightarrow A23 = V(q * w/h, 2) \subset A2.$$

设 $B31 = \mathrm{prj}(B3, 1), B32 = \mathrm{prj}(B3, 2), B13 = \mathrm{prj}(B3, 3)$, 可有

$$B31 \longleftrightarrow A31 = V(q * w/h, 3) \subset A3,$$
$$B32 \longleftrightarrow A32 = V(q * w/h, 1) \subset A3,$$
$$B33 \longleftrightarrow A33 = V(p * w/h, 3) \subset A3.$$

因此,

$$B1' = B11\&B21\&B31 \longleftrightarrow A1' = A11\&A21\&A31, \quad \mathrm{TRI}(A1') = w * (p, q, q)/h;$$
$$B2' = B12\&B22\&B32 \longleftrightarrow A2' = A12\&A22\&A32, \quad \mathrm{TRI}(A2') = w * (q, p, q)/h;$$
$$B3' = B13\&B23\&B33 \longleftrightarrow A3' = A13\&A23\&A33, \quad \mathrm{TRI}(A3') = w * (q, q, p)/h.$$

不计顺序, 有 $A = A1'\&A2'\&A3'$, $B = B1'\&B2'\&B3'$.

从而有以下引理.

引理 5.4 在解向量表中二叉树一棵子树 Ta 的根节点层向量 A 与该子树上任意一节点层向量 B 的值数关系是对称的.

在二叉树中, 两个节点 B 和 C 在子树 Ta 根节点的不同分枝上.

设 B 位于子树 Ta 根节点 A 的子节点 bl 所在的分枝上, C 位于 A 的另一个子节点 br 所在的分枝上.

值树 bl 层向量通过算子表达式 $\text{ARITH}_i(\text{bl})$ 可得到 B 层向量.

由值数公式一, 可设

$$\text{TRI}(\text{ARITH}_i(1))=(p,q,q), \quad \text{TRI}(\text{ARITH}_i(2))=(q,p,q), \quad \text{TRI}(\text{ARITH}_i(3))=(q,q,p).$$

令 $p+q+q = hi = 2^{n+v}$, 其中 n 是 bl 到 B 之间的 L, R 算子数, v 是 D 算子数.

在解向量表中层向量维数都是 $3w$, 令 bl_1=prj(bl, 1)、bl_2=prj(bl, 2)、bl_3=prj(bl, 3), 则有

bl_1$\longleftrightarrow$ B1=V(p*w/hi,1)&V(q*w/hi,2)&V(q*w/hi,3)$\subset$ B;

bl_2$\longleftrightarrow$ B2=V(q*w/hi,1)&V(p*w/hi,2)&V(q*w/hi,3)$\subset$ B;

bl_3$\longleftrightarrow$ B3=V(q*w/hi,1)&V(q*w/hi,2)&V(p*w/hi,3)$\subset$ B.

不计顺序有 $B = B1\&B2\&B3$.

令 B1'=prj(B,1)、B2'=prj(B,2)、B3'=prj(B,3). 由子树根节点层向量与子树其他节点层向量值数关系的对称性, 有

B1' $\longleftrightarrow$ bl_1'=V(p*w/hi,1)&V(q*w/hi,2)&V(q*w/hi,3)=bl_1'_1&bl_1'_2&bl_1'_3 $\subset$bl;

B2' $\longleftrightarrow$ bl_2'=V(q*w/hi,1)&V(p*w/hi,2)&V(q*w/hi,3)=bl_2'_1&bl_2'_2&bl_2'_3 $\subset$bl;

B3' $\longleftrightarrow$ bl_3'=V(q*w/hi,1)&V(q*w/hi,2)&V(p*w/hi,3)=bl_3'_1&bl_3'_2&bl_3'_3 $\subset$bl.

由于 bl, br 是兄弟节点,

bl$\supset$V(2,1)$\longleftrightarrow$ V(1,1)&V(1,2) $\subset$br,

bl$\supset$ V(2,2)$\longleftrightarrow$ V(1,1)&V(1,3) $\subset$br,

bl$\supset$ V(2,3)$\longleftrightarrow$ V(1,2)&V(1,3)$\subset$br.

bl_1'_1 $\supset$V(p*w/hi,1)$\longleftrightarrow$ V(p*w/hi/2,1)&V(p*w/hi/2,2) $\subset$br,

bl_1'_2 $\supset$V(q*w/hi,2)$\longleftrightarrow$ V(q*w/hi/2,1)&V(q*w/hi/2,3) $\subset$br,

bl_1'_3 $\supset$V(q*w/hi,3)$\longleftrightarrow$ V(q*w/hi/2,2)&V(q*w/hi/2,3) $\subset$br, bl_2′_1 ⊃V(q∗w/hi,1)←→ V(q∗w/hi/2,1)&V(q∗w/hi/2,2) ⊂br,

bl_2′_2 ⊃V(p∗w/hi,2)←→ V(p∗w/hi/2,1)&V(p∗w/hi/2,3) ⊂br,

bl_2′_3 ⊃V(q∗w/hi,3)←→ V(q∗w/hi/2,2)&V(q∗w/hi/2,3) ⊂br,

bl_3′_1 ⊃V(q∗w/hi,1)←→ V(q∗w/hi/2,1)&V(q∗w/hi/2,2) ⊂br,

bl_3′_2 ⊃V(q∗w/hi,2)←→ V(q∗w/hi/2,1)&V(q∗w/hi/2,3)⊂br,

bl_3′_3 ⊃V(p∗w/hi,3)←→ V(p∗w/hi/2,2)&V(p∗w/hi/2,3) ⊂br.

设 br1p=V(p∗w/hi/2,1), br1q=V(q∗w/hi/2,1), br2p=V(p∗w/hi/2,2),

$$br2q = V(q*w/hi/2, 2), br3p = V(p*w/hi/2, 3), br3q = V(q*w/hi/2, 3).$$

值树 br 层向量通过算子表达式 ARITHj(br) 可得到 C 层向量.

由值数公式, 设 TRI(ARITHj(1))=(s,t,t), TRI(ARITHj(2))=(t,s,t), TRI(ARITHj(3))=(t,t,s), 令 s+t+t=hj=2^(m+u), m 是 br 到 C 之间的 L, R 算子数, u 是 br 到 C 之间的 D 算子数. 有

br1p←→ C1p=V(s∗p∗w/hi/2/hj,1)&V(t∗p∗w/hi/2/hj,2)&V(t∗p∗w/hi/2/hj,3)⊂ C,

br1q←→ C1q=V(s∗q∗w/hi/2/hj,1)&V(t∗q∗w/hi/2/hj,2)&V(t∗q∗w/hi/2/hj,3)⊂ C,

br2p←→ C2p=V(t∗p∗w/hi/2/hj,1)&V(s∗p∗w/hi/2/hj,2)&V(t∗p∗w/hi/2/hj,3)⊂ C,

br2q←→ C2q=V(t∗q∗w/hi/2/hj,1)&V(s∗q∗w/hi/2/hj,2)&V(t∗q∗w/hi/2/hj,3)⊂ C,

br3p←→ C3p=V(t∗p∗w/hi/2/hj,1)&V(t∗p∗w/hi/2/hj,2)&V(s∗p∗w/hi/2/hj,3) ⊂ C,

br3q←→ C3q=V(t∗q∗w/hi/2/hj,1)&V(t∗q∗w/hi/2/hj,2)&V(s∗q∗w/hi/2/hj,3)⊂ C.

令 $w/hi/hj/2=K$.

B1′ ←→bl_1′=bl_1′_1&bl_1′_2&bl_1′_3.←→(br1p&br2p)&(br1q&br3q)&(br2q&br3q)←→ C1p&C2p&C1q&C3q&C2q&C3q = C1

TRI(C1)=TRI(C1p&C2p&C1q&C3q&C2q&C3q)

=((s,t,t)∗p+(t,s,t)∗p +(s,t,t)∗q+(t,t,s)∗q+(t,s,t)∗q+(t,t,s)∗q)∗K

=((sp+sq+tp+3tq), (sp+sq+tp+3tq),(2tp+2tq+2sq))∗K

B2′ ←→bl_2′=bl_2′_1&bl_2′_2&bl_2′_3←→(br1q&br2q)&(br1p&br3p)& (br2q&br3q)←→ C1q&C2q&C1p&C3p&C2q&C3q = C2

TRI(C2) = TRI(C1q&C2q&C1p&C3p&C2q&C3q)

=((s,t,t)*q+(t,s,t)*q+(s,t,t)*p+(t,t,s)*p+(t,s,t)*q+(t,t,s)*q)*K

=((sp+sq+tp+3tq), (2tp+2tq+2sq), (sp+sq+tp+3tq))*K

B3′ ←→bl_3′=bl_3′_1&bl_3′_2&bl_3′_3←→(br1q&br2q)&(br1q&br3q)&

(br2p&br3p)←→ C1q&C2q&C1q&C3q&C2p&C3p = C3

TRI(C3) = TRI(C1q&C2q&C1q&C3q&C2p&C3p)

=((s,t,t)*q+(t,s,t)*q+(s,t,t)*q+(t,t,s)*q+(t,s,t)*p+(t,t,s)*p)*K

=((2tp+2tq+2sq), (sp+sq+tp+3tq), (sp +sq+tp+3tq))*K

从上面的推导可以看出, $B1'$ 对应的 $C1$ 的值数三元组中, 有两个分量是相同的, 另一个分量是 $B1'$ 元素的反值在 $C1$ 中的数量. $B2'$、$B3'$ 也如此.

值数三元组中两个不同分量的差为

(sp+sq+tp+3tq)*K-(2tp+2tq+2sq)*K=(tq-tp-sq+sp)*K=(p*(s-t)-q*(s-t))

K = (s-t)(p-q)*K.

用值数公式一和 $K = w/hi/hj/2$ 代入得

(s-t)*(p-q)*k=(-1)^m*2^u*(-1)^n*2^v*w/hi/hj/2

=(-1)^(m+n)*2^(u+v)*w/2^(m+n+u+v)/2

=(-1)^{(m+n)}×w/2^{(m+n)}/2

值数三元组中两相同的分量用值数公式一和 $K = w/hi/hj/2$ 代入得

(sp+sq+tp+3tq)*K

={(2^m+(-1)^m*2)*(2^n-(-1)^n)+(2^m-(-1)^m)*(2^n+(-1)^n*2)+3*

(2^m-(-1)^m)*(2^n-(-1)^n)+(2^m+(-1)^m*2)*(2^n+(-1)^n*2)^*K*2^

(u+v)/9={2^m*2^n-2^m*(-1)^n+(-1)^m*2^n*2-(-1)^m*(-1)^n*2

+2^m*2^n +2^m*(-1)^n*2-(-1)^m*2^n-(-1)^m*(-1)^n*2

+2^m*2^n*3-2^m*(-1)^n*3-(-1)^m*2^n*3 +(-1)^m*(-1)^n*3+2^m*2^n

+2^m*(-1)^n*2 +(-1)^m*2^n*2 +(-1)^m*(-1)^n*2*2}*K*2^(u+v)/9

=(6*2^m*2^n+0+0+(-1)^m*(-1)^n*3))/9*2^(u+v)*w/2^(m+n+u+v)/2

=(2×2^{(m+n)}+(-1)^{(m+n)})/3×w/2^{(m+n)}/2

值数三元组中另一个不相同的分量用值数公式一和 $K = w/hi/hj/2$ 代入得

(2tp+2tq+2sq)*K=(sq+tp+tq)*K*2

={(2^m+(-1)^m*2)(2^n-(-1)^n)+(2^m-(-1)^m)(2^n+(-1)^n*2) +(2^m

-(-1)^m)(2^n-(-1)^n)}*K*2/9*2^(u+v)

={2^m*2^n-2^m*(-1)^n +(-1)^m*2*2^n-(-1)^m*(-1)^n*2

+2^m*2^n +2^m*(-1)^n*2-(-1)^m*2^n-(-1)^m*(-1)^n*2

+2^m*2^n -2^m*(-1)^n-(-1)^m*2^n +(-1)^m*(-1)^n}*K*2/9*2^(u+v)

=(3*2^m*2^n+0+0-3*(-1)^m*(-1)^n)/9*2^(u+v)*w/2^(m+n+u+v)

=(2^{(m+n)}-(-1)^{(m+n)})/3×w/2^{(m+n)}

因此, 若两个节点 B 和 C 在二叉树子树 A 的根节点的不同分枝上. 层向量 B 的一个值 t 对应层向量 C 的值数三元组, 有 "值数公式二":

$$X = (2 \times 2^{m+n} + (-1)^{m+n})/3 \times w/2^{m+n}/2,$$
$$X_t = (2^{m+n}\text{-}(-1)^{m+n})/3 \times w/2^{m+n},$$
$$X_t\text{-}X = (-1)^{m+n} \times w/2^{m+n}/2$$

其中, n 是以 A 节点为根时 B 节点层向量的算子表达式中 L, R 算子的合计数减 1, m 是以 A 节点为根时 C 节点层向量的算子表达式中 L, R 算子的合计数减 1. X_t 是 t 的反值在层向量 C 中的数量.

由公式中 m, n 的互换性, 不难理解在解向量表中 B 与 C 的值数关系是对称的.

当 n 或 m 为 -1 时, 意味着: B 就是 A 节点, 或 C 就是 A 节点, 也就是回到值数公式一, 此刻:

Xt=(2^(m-1)-(-1)^(m-1))/3*w/2^(m-1)=(2^m+(-1)^m*2)/3*2^s,

X=(2*2^(m-1)+(-1)^(m-1))/3*w/2^(m-1)/2=(2^m-(-1)^m)/3*2^s.

因此, 可以不再区分值数公式一与二, 统一称为值数公式. 从而有以下定理.

定理 5.1　任意二叉树上的两个节点, Ta 是两节点同在的最小子树, 在 Ta 值树中两节点层向量之间的值数三元组, 由值数公式给定:

$$X = (2 \times 2^G + (-1)^G)/3 \times w/2^G/2,$$
$$Xt = (2^G\text{-}(-1)^G)/3 \times w/2^G,$$
$$Xt\text{-}X = (-1)^G \times w/2^G/2.$$

若一个节点就是 Ta 的根, 则 X_t 是 t 值在值数三元组中对应的分量, G 是另一个节点层向量算子表达式中的 L, R 算子的合计数减 1. 若两个节点都不是 Ta 的根, 则 X_t 是 t 的反值在值数三元组中的分量, G 是两个节点层向量从 Ta 开始的算子表达式的 L, R 算子合计数减 2. w 是在 Ta 的解向量表层向量中各个值分别出现的次数. 在值树中 $w = 2^{G+1}$.

约定用 $N_1::N_2$ 表示二叉树两个节点 N_1, N_2 之间的值数关系. 用 $[X_t, X]$ 及 $\sim [X_t, X]$ 表示值数公式计算的结果, $[X_t, X]$ 表示 X_t 是 t 值在值数三元组中的分量, $\sim [X_t, X]$ 表示 X_t 是 t 的反值在值数三元组中的分量. 显然 $N_1 :: N_2 = [X_t, X]$ 或 $N_1 :: N_2 =\sim [X_t, X]$.

2.2 节曾经指出, 可从任一叶节点开始, 把一个子节点当作父节点, 而把父节点当作左子节点, 另一个子节点当作右子节点, 另建一棵二叉树. 并给出五叶二叉树 (图 1.4.1) 的以 L_1 为根的另一棵二叉树 (图 2.2.3). 在此, 我们以此两棵五叶二叉树为例, 从另一个角度审视值数公式.

原五叶二叉树 (图 1.4.1), L_1 和 L_3 的 $G = 2, w = 8$,

Xt=(2^G-(-1)^G)/3×w/2^G=(4-1)/3*8/4=2,

X=(2×2^G+(-1)^G)/3×w/2^G/2=(8+1)/3*8/8=3.

X_t 对应值数三元组值中 $-t$ 值位置的分量.

另建的五叶二叉树 (图 2.2.3), $m = 3$, $s = 0$,

$$Xt = (2^m + (-1)^m \times 2)/3 \times 2^s = (8\text{-}2)/3 = 2,$$
$$X = (2^m\text{-}(-1)^m)/3 \times 2^s = (8 + 1)/3 = 3.$$

当一个节点 L_1 是根节点时, X_t 是对应值数三元组中 t 值位置的分量, 但由于另建的五叶二叉树 L_1 和原五叶二叉树 L_1 同值, 另建的五叶二叉树 L_3 和原五叶二叉树 L_3 反值, 所以 X_t 对应值数三元组中 t 的位置相当于原来的 $-t$ 值位置.

在原树和另建树, 值数公式得到同样的结果. 从下面的等式

Xt=(2^G-(-1)^G)/3×w/2^G=(2^m+(-1)^m×2)/3×2^s=(2^{m-1}-(-1)$^{m-1}$)×2/3

可得
$$G = m\text{-}1 = 2, \quad w = 2^{G+1} = 2^m = 8.$$

由此可见, 通过另建一棵二叉树, 可从 "值数公式一" 导出 "值数公式二".

以下场合可能会使值数公式产生无意义的结果:

(1) $w < 2^{G+1}$. 例如, 当 $w = 4$, $G = 2$ 时,

$$X = (2 * 4 + 1)/3 * 4/4/2 = 1.5.$$

(2) w 不是 2 的幂. 例如, 当 $w = 6$, $G = 1$ 时,

$$X = (2 * 2 - 1)/3 * 6/2/2 = 1.5.$$

下面把值数公式应用于 (1.3 节) 有省略部分的二叉树的四种相邻的叶节点.

(1) U, **LU**, **RU**, 是值数公式中 $G = 0$ 的情况.

$$Xt = (2^G\text{-}(-1)^G)/3 * w/2^G = (1\text{-}1)/3 * 2/1 = 0,$$
$$X = (2 * 2^G + (-1)^G)/3 * w/2^G/2 = (2+1)/3 * 2/1/2 = 1.$$

在解向量表中进而有

当 LU=$V(2,1)$ 时, RU 的值数三元组为 $(1,1,0)$,

当 LU =$V(2,2)$ 时, RU 的值数三元组为 $(1,0,1)$,

当 LU =$V(2,3)$ 时, RU 的值数三元组为 $(0,1,1)$.

(2) U, **LU**, RU {, L^mRU}, **L^MRU** ($m = 1, \cdots, M - 1$), 是值数公式中 $G = M$ 的情况.

Xt=(2^G-(-1)^G)/3*w/2^G=(2^M-(-1)^M)/3*w/2^M;

X=(2*2^G+(-1)^G)/3*w/2^G/2=(2*2^M+(-1)^M)/3*w/2^M/2.

设 $M = 2$, 得到

Xt=(4-1)/3*8/4=2, X=(2*4+1)/3*8/4/2=3.

在解向量表中进而有

当 LU=$V(8,1)$ 时, L^MRU 的值数三元组为 $(3,3,2)$,

当 LU=$V(8,2)$ 时, L^MRU 的值数三元组为 $(3,2,3)$,

当 LU=$V(8,3)$ 时, L^MRU 的值数三元组为 $(2,3,3)$.

(3) U, LU {, R^nLU}, **R^NLU**, **D^NRU** $(n = 1, \cdots, N-1)$, 是第二值数公式中 $G = N$ 的情况.

Xt = (2^G-(-1)^G)/3 * w/2^G = (2^N-(-1)^N)/3 * w/2^N,

X = (2 * 2^G + (-1)^G)/3 * w/2^G/2 = (2 * 2^N + (-1)^N)/3 * w/2^N/2.

设 $N = 3$, 得到

$$Xt = (8 + 1)/3 * 16/8 = 6, X = (2 * 8\text{-}1)/3 * 16/8/2 = 5.$$

在解向量表中进而有

当 R^NLU=$V(16,1)$ 时, D^NRU 的值数三元组为 $(5,5,6)$,

当 R^NLU=$V(16,2)$ 时, D^NRU 的值数三元组为 $(5,6,5)$,

当 R^NLU=$V(16,3)$ 时, D^NRU 的值数三元组为 $(6,5,5)$.

(4) U, LU, RU {, R^nLU}, **R^NLU** {, L^mD^ NRU}, **L^MD^NRU** $(n = 1, \cdots, N-1, m = 1, \cdots, M-1)$. 是 $G = N + M$ 的情况.

Xt=(2^G-(-1)^G)/3*w/2^G=(2^(N+M)-(-1)^(N+M))/3*w/2^(N+M);

X=(2*2^G+(-1)^G)/3*w/2^G/2=(2*2^(N+M)+(-1)^(N+M))/3*w/2^(N+M)/2.

设 $N = 2$, $M = 2$, 得到 X_t=(16-1)/3*32/16=10, X=(2*16+1)/3*32/16/2=11.

在解向量表中进而有

当 R^NLU=$V(32,1)$ 时, L^MD^NRU 的值数三元组为 $(11,11,10)$,

当 R^NLU=$V(32,2)$ 时, L^MD^NRU 的值数三元组为 $(11,10,11)$,

当 R^NLU=$V(32,3)$ 时, L^MD^NRU 的值数三元组为 $(10,11,11)$.

第6章　最简解向量

6.1　最简解向量定义

由于每个权节点既是父节点又是子节点, 根据 $N_{\mathrm{F}}.v = N_{\mathrm{L}}.v + N_{\mathrm{R}}.v$, 可以用权节点的右边表达式替代作为子节点的权节点. 替代的结果是根节点和所有权节点都可以用叶节点的 "和" 来表达.

例如, 在树 A 中约束条件 $N_{\mathrm{F}}.v = N_{\mathrm{L}}.v + N_{\mathrm{R}}.v$ 具体表达为

$$
\begin{aligned}
A_5 &= L_3 + L_4,\\
A_6 &= L_6 + L_7,\\
A_9 &= L_9 + L_{10},\\
A_4 &= A_5 + L_5,\\
A_8 &= A_9 + L_{11},\\
A_3 &= L_2 + A_4,\\
A_7 &= L_8 + A_8,\\
A_2 &= A_3 + A_6,\\
A_1 &= A_2 + A_7,\\
\mathrm{Rt} &= L_1 + A_1,
\end{aligned}
$$

因而有

$$
\begin{aligned}
A_5 &= L_3 + L_4,\\
A_6 &= L_6 + L_7,\\
A_9 &= L_9 + L_{10},\\
A_4 &= L_3 + L_4 + L_5,\\
A_8 &= L_9 + L_{10} + L_{11},\\
A_3 &= L_2 + L_3 + L_4 + L_5,\\
A_7 &= L_8 + L_9 + L_{10} + L_{11},\\
A_2 &= L_2 + L_3 + L_4 + L_5 + L_6 + L_7,\\
A_1 &= L_2 + L_3 + L_4 + L_5 + L_6 + L_7 + L_8 + L_9 + L_{10} + L_{11},\\
\mathrm{Rt} &= L_1 + L_2 + L_3 + L_4 + L_5 + L_6 + L_7 + L_8 + L_9 + L_{10} + L_{11}.
\end{aligned}
$$

在树 B 中约束条件 $N_{\mathrm{F}}.v = N_{\mathrm{L}}.v + N_{\mathrm{R}}.\, v$ 具体表达为

$$
B_3 = L_1 + L_2,
$$

$$B_7 = L_5 + L_6,$$
$$B_9 = L_7 + L_8,$$
$$B_2 = B_3 + L_3,$$
$$B_8 = B_9 + L_9,$$
$$B_6 = B_7 + B_8,$$
$$B_5 = L_4 + B_6,$$
$$B_4 = B_5 + L_{10},$$
$$B_1 = B_2 + B_4,$$
$$\mathrm{Rt} = B_1 + L_{11},$$

因而有

$$B_3 = L_1 + L_2,$$
$$B_7 = L_5 + L_6,$$
$$B_9 = L_7 + L_8,$$
$$B_2 = L_1 + L_2 + L_3,$$
$$B_8 = L_7 + L_8 + L_9,$$
$$B_6 = L_5 + L_6 + L_7 + L_8 + L_9,$$
$$B_5 = L_4 + L_5 + L_6 + L_7 + L_8 + L_9,$$
$$B_4 = L_4 + L_5 + L_6 + L_7 + L_8 + L_9 + L_{10},$$
$$B_1 = L_1 + L_2 + L_3 + L_4 + L_5 + L_6 + L_7 + L_8 + L_9 + L_{10},$$
$$\mathrm{Rt} = L_1 + L_2 + L_3 + L_4 + L_5 + L_6 + L_7 + L_8 + L_9 + L_{10} + L_{11}.$$

因此, 一个解向量不必给出每个节点的值, 只要给出每个叶节点的值就够了. 称只给出叶节点值的解向量为最简解向量.

6.2　最简解向量表

最简解向量表是删除了解向量表中非叶节点层向量的解向量表. Rt 层向量不是最简解向量表成员, 为了和一般解向量表比较, 附加了 Rt 层向量.

下面列出了本书常用到的 6 个二叉树的最简解向量表.

表 6.2.1 是普通型单枝树的最简解向量表.

表 6.2.2 是左增长型单枝二叉树最简解向量表.

表 6.2.3 是右增长型单枝二叉树最简解向量表.

表 6.2.4 是五叶多枝二叉树最简解向量表.

表 6.2.5 是二叉树 A 的最简解向量表一部分.

表 6.2.6 是二叉树 B 的最简解向量表一部分.

表 6.2.1 普通型单枝二叉树最简解向量表

Rt	1 1 1 1 1 1 1 1 1 1 1 1 1 1 1 1 2 2 2 2 2 2 2 2 2 2 2 2 2 2 2 2 3 3 3 3 3 3 3 3 3 3 3 3 3 3 3 3
L_1	2 2 2 2 2 2 2 2 2 2 2 2 2 2 2 2 1 1 1 1 1 1 1 1 1 1 1 1 1 1 1 1 2 2 2 2 2 2 2 2 2 2 2 2 2 2 2 2
C_1	3 3 3 3 3 3 3 3 3 3 3 3 3 3 3 3 3 3 3 3 3 3 3 3 3 3 3 3 3 3 3 3
(C_1)	
C_2	2 2 2 2 2 2 2 2 2 2 2 2 2 2 2 2
L_5	2 2 2 2 3 3 3 3 1 1 1 1 3 3 3 3 2 2 2 2 3 3 3 3 3 3 3 3 3 3 3 3
(C_2)	3 3 1 1 3 3 1 1 3 3 1 1 2 2 2 2 1 1 1 1 1 1 1 1 2 2 2 2
L_2	2 2 3 3 2 2 3 3 2 2 3 3 1 1 3 3 1 1 3 3 1 1 3 3 2 2 2 2
C_3	3 1 3 1 3 1 3 1 3 1 3 1 2 3 2 3 2 3 2 3 2 3 2 3 3 1 3 1
(C_3)	1 3 1 3 1 3 1 3 1 3 1 3 3 2 3 2 3 2 3 2 3 2 3 2 1 3 1 3
L_3	1 2 3 1 2 3 1 2 3 1 2 3 1 2 3 1 2 3 1 2 3 1 2 3 1 2 3 1 2 3
L_4	2 1 3 1 2 3 1 2 3 1 2 3 1 2 3 1 2 3 1 2 3 1 2 3 1 2 3 1 2 3

表 6.2.2　左增长型单枝二叉树最简解向量表

Rt	1	1	1	1	1	1	1	1	1	1	1	1	1	1	1	2	2	2	2	2	2	2	2	2	2	2	2	2	2	2	3	3	3	3	3	3	3	3	3	3
A_3																																								
L_5	3	3	3	3	3	3	3	3	3	3	3	3	3	3	3	2	2	2	2	2	2	2	2	2	2	2	2	2	2	2	1	1	1	1	1	1	1	1	1	1
(A_3)																																								
A_2																																								
L_4	3	3	3	1	1	1	2	2	2	3	3	3	1	1	1	2	2	2	3	3	3	2	2	2	3	3	3	1	1	1	3	3	3	1	1	1
(A_2)																																								
A_1																																								
L_3	2	2	1	3	1	3	2	2	3	3	1	3	1	2	2	2	3	3	1	2	1	3	2	3	1	2	3	1	2	3	1	2	3
(A_1)																																								
L_1	2	3	3	1	3	1	2	3	3	1	2	1	3	1	2	3	1	2	3	1	2	3	1	2	3	1	2	3	1	2	1	3	1	2
L_2	3	2	3	1	3	1	2	1	3	1	2	1	3	1	2	3	1	2	3	1	2	3	1	2	3	1	2	3	1	2	1	3	1	2

表 6.2.3 右增长型单枝二叉树最简解向量表

Rt																																																
L_1	1	1	1	1	1	1	1	1	1	1	1	1	1	1	1	1	1	1	2	2	2	2	2	2	2	2	2	2	2	2	2	2	3	3	3	3	3	3	3	3	3	3	3	3	3	3	3	3
B_1	2	2	2	2	2	2	2	2	2	3	3	3	3	3	3	3	3	3	1	1	1	1	2	2	2	2	3	3	3	3	3	3	1	1	1	2	2	2	2	2	2	2	2	2	2	2	2	2
(B_1)																																																
L_2	1	1	1	2	2	2	3	3	3	1	1	1	2	2	2	3	3	3	1	1	1	2	2	2	3	3	3	3	3	3	3	3	3	3	3	3	3	3	3	3	3	3	3	3	3	3	3	3
B_2																																																
(B_2)	3	3	1	1	2	2	3	3	1	1	2	2	3	3	1	1	2	2	3	3	1	1	2	2	3	3	1	1	2	2	3	3	1	1	2	2	3	3	1	1	2	2	3	3	1	1	2	2
L_3																																																
B_3																																																
(B_3)	1	2	3	1	2	3	1	2	3	1	2	3	1	2	3	1	2	3	1	2	3	1	2	3	1	2	3	1	2	3	1	2	3	1	2	3	1	2	3	1	2	3	1	2	3	1	2	3
L_4	1	2	3	1	2	3	1	2	3	1	2	3	1	2	3	1	2	3	1	2	3	1	2	3	1	2	3	1	2	3	1	2	3	1	2	3	1	2	3	1	2	3	1	2	3	1	2	3
L_5	2	3	1	2	3	1	2	3	1	2	3	1	2	3	1	2	3	1	2	3	1	2	3	1	2	3	1	2	3	1	2	3	1	2	3	1	2	3	1	2	3	1	2	3	1	2	3	2

表 6.2.4　五叶多枝二叉树最简解向量表

Rt	1 1 1 1 1 1 1 1 1 1 1 1 1 1 1 1 1 1 1 1 1 2 2 2 2 2 2 2 2 2 2 2 2 2 2 2 2 2 2 2 2 3 3 3 3 3 3 3 3 3 3 3 3 3 3 3 3 3 3
A_1	
A_2	
(A_1)	3 3 3 3 3 3 1 1 1 1 1 1 2 2 2 2 2 2 3 3 3 3 3 3 1 1 1 1 1 1 2 2 2 2 2 2 3 3 3 3 3 3 1 1 1 1 1 1 2 2 2 2 2 2 3 3 3 3
L_1	3 3 3 1 1 1 2 2 2 1 1 1 2 2 2 3 3 3 2 2 2 3 3 3 1 1 1 2 2 2 3 3 3 1 1 1 3 3 3 1 1 1 2 2 2 1 1 1 2 2 2 3 3 3 2 2 2
L_2	3 1 2 1 2 3 2 3 1 2 3 1 1 2 3 1 2 3 3 1 2 1 2 3 2 3 1 2 3 1 1 2 3 1 2 3 3 1 2 1 2 3 2 3 1 2 3 1 1 2 3 1 2 3 3 1 2 1
(A_2)	
L_3	1 1 2 1 1 3 1 1 3 1 1 2 2 2 3 1 1 2 2 2 3 1 1 3 1 1 3 1 1 2 2 2 3 1 1 3 3 3 1 3 3 1 3 3 1 2 2 1 2 2 3 2 2 1 3 3 1 3
A_3	
(A_3)	3 3 1 2 3 1 2 3 1 2 3 1 2 3 1 2 3 1 2 3 1 2 3 1 2 3 1 2 3 1 2 3 1 2 3 1 2 3 1 2 3 1 2 3 1 2 3 1 2 3 1 2 3 1 2 3 1 2
L_4	3 1 2 3 1 2 3 1 2 3 1 2 3 1 2 3 1 2 3 1 2 3 1 2 3 1 2 3 1 2 3 1 2 3 1 2 3 1 2 3 1 2 3 1 2 3 1 2 3 1 2 3 1 2 3 1 2 3
L_5	3 1 3 1 3 1 3 1 3 1 3 1 3 1 3 1 3 1 3 1 3 1 3 1 3 1 3 1 3 1 3 1 3 1 3 1 3 1 3 1 3 1 3 1 3 1 3 1 3 1 3 1 3 1 3 1 3 1

表 6.2.5　二叉树 A　最简解向量表—部分

Rt	1 1 1 1 1 1 1 1 1 1 1 1 1 1 1 1 1 1 1 1 1 1 1 1 1 1 1 1 1 1 1 1 2 2 2 2 2 2 2 2 2 2 2 2 2 2 2 2 2 2 3 3 3 3 3 3 3 3 3 3
L_1	2 2 2 2 2 2 2 2 2 2 2 2 2 2 2 2 2 2 2 2 2 2 2 2 2 2 2 2 2 2 2 2 2 2 2 2 2 2 2 2 2 2 2 2 2 2 2 2 2 2 2 2 2 2 2 2 2 2 2 2
A_1	
(A_1)	
A_2	
A_7	
(A_2)	
A_3	
A_6	
(A_3)	
L_2	3 1 2 2 3 1 2 1 2 3 1 2 2 3 1 2 2 3 1 1 2 3 1 2 2 3 2 3 1 2 2 3 1 2 2 3 1 2 2 3 1 3 1 2 2 3 1 2 3 1 1 2 1 2 2 3 2 3 3 1

表 6.2.6 二叉树 B 最简解向量表一部分

Rt	1	1	1	1	1	1	1	1	1	1	1	1	1	1	1	1	1	1	1	1	2	2	2	2	2	2	2	2	2	2	2	2	2	2	2	2	2	2	2	3	3	3	3	3	3	3	3	3	3	3
B_1																																																		
L_{11}	3	3	3	3	3	3	3	3	2	2	2	2	2	2	2	2	3	3	3	3	3	3	3	3	1	1	1	1	1	1	1	1	2	2	2	2	2	2	2	2	1	1	1	1	1	1	1	1	1	1
(B_1)																																																		
B_2																																																		
B_4																																																		
(B_2)																																																		
B_3																																																		
L_3	2	2	1	1	3	3	2	2	3	3	2	2	3	3	1	1	3	3	2	2	3	3	1	1	3	3	1	1	2	2	1	1	3	3	1	1	2	2	1	1	2	2	1	1	3	3	2	2
(B_3)																																																		
L_1	2	3	3	1	3	1	1	2	2	3	1	1	2	1	2	2	3	3	1	1	2	1	2	2	3	1	2	2	3	2	3	3	1	1	2	2	3	2	3	2	3	3	1	2	3	3	1	1	1	2
L_2	3	2	3	1	3	1	2	1	3	1	2	1	2	1	3	2	3	1	2	1	2	1	3	2	2	1	3	2	3	2	3	1	2	1	3	2	3	2	3	1	3	2	3	1	3	1	2	1

6.3 最简值树

最简值树是删除了值树的非叶节点层, 保留值节点之间的连线 (即保留值树的形状), 而构成的一种值树.

下面列出本书常用到的 6 个二叉树的最简值树 (图 6.3.1~ 图 6.3.6).

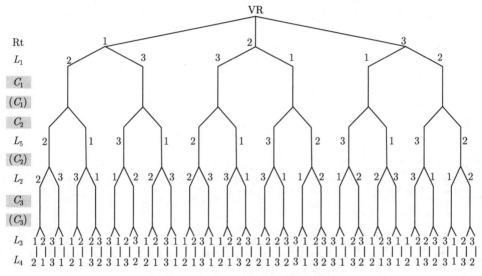

图 6.3.1 普通型单枝二叉树最简值树

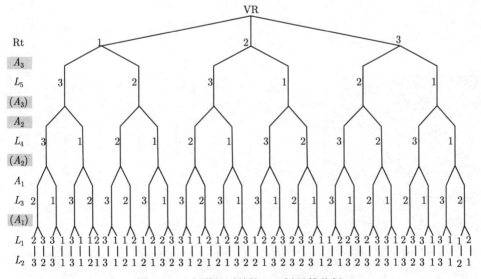

图 6.3.2 左增长型单枝二叉树最简值树

图 6.3.1 是普通型单枝二叉树最简值树.

图 6.3.2 是左增长型单枝二叉树最简值树.

图 6.3.3 是右增长型单枝二叉树最简值树.

图 6.3.4 是五叶多枝二叉树最简值树.

图 6.3.5 是二叉树 A 最简值树一部分.

图 6.3.6 是二叉树 B 最简值树一部分.

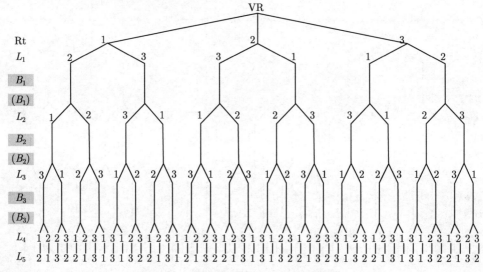

图 6.3.3   右增长型单枝二叉树最简值树

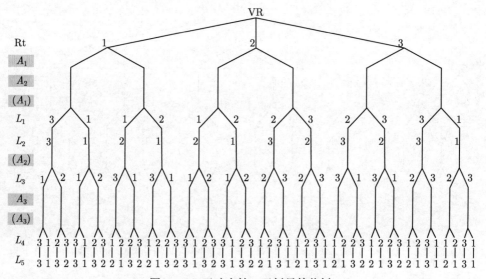

图 6.3.4   五叶多枝二叉树最简值树

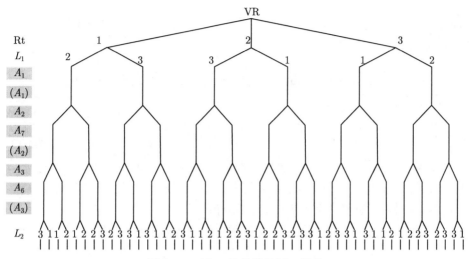

图 6.3.5 树 A 的最简值树一部分

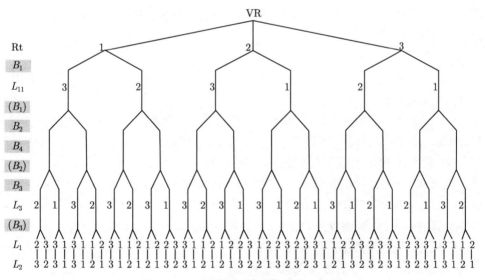

图 6.3.6 二叉树 B 的最简值树一部分

第7章　解向量表及值树的变换

7.1　变换的定义

层向量是二叉树一个节点全部取值的一个序列, 每个分量需满足 2.2 节的约束条件: $N_i.v \neq 0$ 与 $N_F.v = N_L.v + N_R.v$, 其中 $N_i.v$ 表示每个节点的取值, $N_F.v$, $N_L.v$, $N_R.v$ 表示父节点、左子节点、右子节点的取值.

我们约定, 两个层向量相加的 "和向量" 允许分量等于 0. "和向量" 与一般向量一样, 可有 0 向量. 两个层向量相加时, 较小维数的层向量扩展到较大维数.

定义 7.1　变换 $h(V, d)$. 其中 V 是最简解向量表或最简值树. d 是 V 中两个相邻叶节点层向量 V_1, V_2 相加运算. 变换结果是一个新的最简解向量表或最简值树. 变换操作步骤如下:

(1) 计算 d: $V_1 + V_2 = a$;

(2) 用计算结果 a 替换 V_1 和 V_2 中维数大的一个, 并删除另一个; (形象地说, V_1, V_2 已被消耗了)

(3) 删除计算结果 a 中 0 分量所涉及的解向量 (或子树). 此时 a 中已无 0 分量, 成为一个新的层向量 (可当作一个叶节点层向量);

(4) 替换及删除后, 若出现相同的解向量, 则合并它们.

定义 7.2　$H(V, D)$ 变换. $H(V, D) = h(\cdots (h(h(V, d_1), d_2), \cdots), d_n)$, 其中 $d_1, \cdots, d_i, \cdots, d_n \in D, n$ 等于值树 V 的阶数, D 是变换的运算集合. D 中方程的顺序, 以可能运算者为先, 多可能者同时存在时, 其次序可随意, 一般按叶节点的顺序.

显然, H 变换的结束条件有:

(1) 运算集合 D 中的方程全部遍历, 或

(2) 当前解向量表或值树 V 只剩下一个层向量 (不包括根层向量), 或

(3) 运算集合 D 中方程 d_i 的计算结果是一个 0 向量.

7.2　第一型变换

右增长型单枝树最简解向量表的第一型 H 变换(表 7.2.1).

右增长型单枝树构建解向量表和值树时, 是遵照 $N_i.v \neq 0$ 及如下的具体约束集合的:

(1) Rt $= L_1 + B_1 = L_1 + L_2 + L_3 + L_4 + L_5$;

(2) $B_1 = L_2 + B_2 = L_2 + L_3 + L_4 + L_5$;

(3) $B_2 = L_3 + B_3 = L_3 + L_4 + L_5$;

(4) $B_3 = L_4 + L_5$.

对右增长型单枝树的最简解向量表 TB 进行 H 变换, 变换的运算集合 D 为:

(1) d_1: $L_4 + L_5 = D_1$; (表 7.2.1(a)、(b))

(2) d_2: $L_3 + D_1 = D_2$; (表 7.2.1(c)、(d))

(3) d_3: $L_2 + D_2 = D_3$; (表 7.2.1(e)、(f))

(4) d_4: $L_1 + D_3 = D_4$. (表 7.2.1(g)、(h))

在第 1 次 h 变换中, 运算 d_1: $D_1 = L_4 + L_5$ 没出现 0 分量. 删除 L_4, D_1 替换 L_5 后有半数解向量是重复的, 合并后只剩下一半解向量 (24 个). 在运算集合 D 下, 后面的 h 变换中都出现相同的情况.

在第 2 次 h 变换中, 运算 d_2: $L_3 + D_1 = D_2$ 没出现 0 分量. 变换后还剩下一半解向量 (12 个).

在第 3 次 h 变换中, 运算 d_3: $L_2 + D_2 = D_3$ 没出现 0 分量. 变换后还剩下一半解向量 (6 个).

在第 4 次 h 变换中, 运算 d_4: $L_1 + D_3 = D_4$ 没出现 0 分量. 变换后还剩下一半解向量 (3 个).

第 4 次 h 变换后, 遍历了运算集合 D, TB 中只剩下层向量 D_4, D_4 等于根层向量 Rt.

至此, 最简解向量表 TB 的 H 变换结束.

这一变换集合中的运算都是约束集合中的方程.

$$D_1 = B_3,$$
$$D_2 = B_2,$$
$$D_3 = B_1,$$
$$D_4 = \text{Rt},$$

所以每个运算都不会出现含 0 分量的结果. 因而, 只需替换解向量表中一个参与运算的层向量并删除另一个, 以及合并替换删除后出现的相同解向量.

称变换中的运算集合等于约束集合的 H 变换为第一型 H 变换. 实际上, 第一型 H 变换是解向量表生成器 Gtb 的逆变换.

第一型 H 变换把最简解向量表 TB 变换成只有一个根层向量的表:

$$H(\text{TB}, D) = h(\cdots (h(h(\text{TB}, d_1), d_2), \cdots), d_n) = (1, 2, 3).$$

第一型 H 变换以同时满足 "遍历运算集合" 与 "剩下一个层向量" 两个结束条件而结束. 因为运算集合中的运算就是约束集合中的运算. 由这些运算从根层层向量出发, 不断生成子节点层向量, 最后生成了解向量表. 这些运算的反向操作, 由叶节点层出发, 不断用父节点层替代子节点层, 从而当 "遍历运算集合" 完成时, 当然只 "剩下一个层向量". 任何一个运算的结果都不会含有 0 分量更不会是 0 向量. 故结束条件 3 是不可能出现的.

表 7.2.1　右增长型单枝树最简解向量表第一型变换 (a) L_4+L_5

Rt	111111111111111111222222222222222222223333333333333333
L_1	2222222233333333333333333311111111111111111122222222
L_2	11112222333311111111222222222333333333331111222233 33
L_3	331122331122223333112233112233111122223311223311
L_4	1223123131231231122312313123123123123123131231223
L_5	2132213131322131213221313132213231322131313 22132
$D_1=L_4+L_5$	331133222211332233113322221133112211332222113311

表 7.2.1　右增长型单枝树最简解向量表第一型变换 (b) 删除与合并

Rt	1	1	1	1	1	1	1	1	2	2	2	2	2	2	2	2	2	3	3	3	3	3	3	3	3
L_1	2	2	2	2	3	3	3	3	3	3	3	3	1	1	1	1	1	1	1	1	1	2	2	2	2
L_2	1	1	2	2	3	3	1	1	1	1	2	2	2	2	3	3	3	3	1	1	2	2	3	3	
L_3	3	1	2	3	1	2	2	3	1	2	3	1	2	3	1	2	3	1	1	2	3	1	2	3	1
$D_1=L_4+L_5$	3	1	3	2	2	1	3	2	3	1	3	2	2	1	3	1	2	1	3	2	2	1	3	1	

表 7.2.1　右增长型单枝树最简解向量表第一型变换 (c) L_3+D_1

Rt	1	1	1	1	1	1	1	1	2	2	2	2	2	2	2	2	2	3	3	3	3	3	3	3	3
L_1	2	2	2	2	3	3	3	3	3	3	3	3	1	1	1	1	1	1	1	1	1	2	2	2	2
L_2	1	1	2	2	3	3	1	1	1	1	2	2	2	2	3	3	3	3	1	1	2	2	3	3	
L_3	3	1	2	3	1	2	2	3	1	2	3	1	2	3	1	2	3	1	1	2	3	1	2	3	1
$D_1=L_4+L_5$	3	1	3	2	2	1	3	2	3	1	3	2	2	1	3	1	2	1	3	2	2	1	3	1	
$D_2=L_3+D_1$	2	2	1	1	3	3	1	1	2	2	1	1	3	3	2	2	3	3	1	1	3	3	2	2	

表 7.2.1　右增长型单枝树最简解向量表第一型变换 (d) 删除与合并

Rt	1	1	1	1	2	2	2	2	3	3	3	3
L_1	2	2	3	3	3	3	1	1	1	1	2	2
L_2	1	2	3	1	1	2	2	3	3	1	2	3
$D_2=L_3+D_1$	2	1	3	1	2	1	3	2	3	1	3	2

表 7.2.1　右增长型单枝树最简解向量表第一型变换 (e) L_2+D_2

Rt	1	1	1	1	2	2	2	2	3	3	3	3
L_1	2	2	3	3	3	3	1	1	1	1	2	2
L_2	1	2	3	1	1	2	2	3	3	1	2	3
$D_2 = L_3 + D_1$	2	1	3	1	2	1	3	2	3	1	3	2
$D_3 = L_2 + D_2$	3	3	2	2	3	3	1	1	2	2	1	1

表 7.2.1　右增长型单枝树最简解向量表第一型变换 (f) 删除与合并

Rt	1	1	2	2	3	3
L_1	2	3	3	1	1	2
$D_3 = L_2 + D_2$	3	2	3	1	2	1

表 7.2.1　右增长型单枝树最简解向量表第一型变换 (g) L_1+D_3

Rt	1	1	2	2	3	3
L_1	2	3	3	1	1	2
$D_3 = L_2 + D_2$	3	2	3	1	2	1
$D_4 = L_1 + D_3$	1	1	2	2	3	3

表 7.2.1　右增长型单枝树最简解向量表第一型变换 (h) 删除与合并

Rt	1	2	3
$D_4 = L_1 + D_3$	1	2	3

表 7.2.1　右增长型单枝树最简解向量表第一型变换 (i) 运算集合

变换运	$d_1 : D_1 = L_4 + L_5$	$d_3 : D_3 = L_2 + D_2$
算集合	$d_2 : D_2 = L_3 + D_1$	$d_4 : D_4 = L_1 + D_3$

右增长型单枝树最简值树的第一型变换(图 7.2.1).

与上面解向量表变换相同, 变换运算集合 D 等于约束集合:

(1) $d_1 : L_4 + L_5 = D_1$ (图 7.2.1(a)、(b));

(2) $d_2 : L_3 + D_1 = D_2$ (图 7.2.1(c)、(d));

(3) $d_3: L_2 + D_2 = D_3$ (图 7.2.1(e)、(f));

(4) $d_4: L_1 + D_3 = D_4$ (图 7.2.1(g)、(h)).

图 7.2.1(a) 展示对值树 TV 进行第一次 h 变换的运算 $D_1 = L_4 + L_5$. 计算结果放置在 L_5 层向量值节点的延长枝上, D_1 的分量中没有 0.

图 7.2.1(b) 展示删除 L_4, L_5 层向量, 由于删除出现了相同解向量, 合并相同的解向量. 至此值树 TV 完成了第一次 h 变换.

　　图 7.2.1(c) 展示对值树 TV 进行第二次 h 变换的运算 $D_2 = L_3 + D_1$. 计算结果放置在 D_1 层向量值节点的延长枝上, D_2 的分量中没有 0.

　　图 7.2.1(d) 展示删除 L_3, D_1 层向量, 由于删除出现了相同解向量, 合并相同的解向量. 至此值树 TV 完成了第二次 h 变换.

　　图 7.2.1(e) 展示对值树 TV 进行第三次 h 变换的运算 $D_3 = L_2 + D_2$. 计算结果放置在 D_2 层向量值节点的延长枝上, D_3 的分量中没有 0.

　　图 7.2.1(f) 展示删除 L_2, D_2 层向量, 由于删除出现了相同解向量, 合并相同的解向量. 至此值树 TV 完成了第三次 h 变换.

　　图 7.2.1(g) 展示对值树 TV 进行第四次 h 变换的运算 $D_4 = L_1 + D_3$. 计算结果放置在 D_3 层向量值节点的延长枝上, D_4 的分量中没有 0.

　　图 7.2.1(h) 展示删除的 L_1, D_3 层向量, 由于删除出现了相同解向量, 合并相同的解向量. 至此值树 TV 完成了第四次 h 变换.

　　此时, 只剩下 D_4 层向量, 它等于根层向量. 最简值树 TV 的 H 变换结束.

　　第一型 H 变换也是值树生成器 Gtv 的逆变换.

　　第一型 H 变换把最简值树 TV 变换成只有一个根层向量的值树:

$$H(\mathrm{TV}, D) = h(\cdots(h(h(\mathrm{TV}, d_1), d_2), \cdots), d_n) = (1, 2, 3).$$

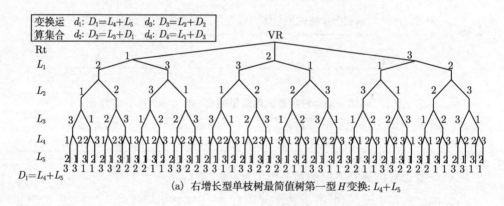

(a) 右增长型单枝树最简值树第一型 H 变换: $L_4 + L_5$

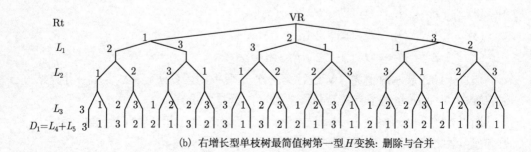

(b) 右增长型单枝树最简值树第一型 H 变换: 删除与合并

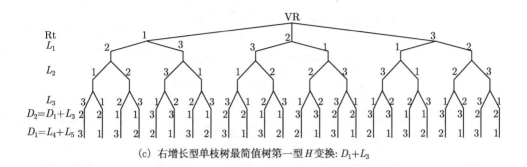

(c) 右增长型单枝树最简值树第一型 H 变换: $D_1 + L_3$

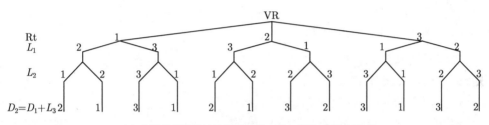

(d) 右增长型单枝树最简值树第一型 H 变换: 删除与合并

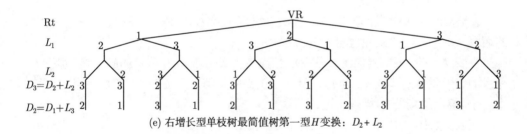

(e) 右增长型单枝树最简值树第一型 H 变换：$D_2 + L_2$

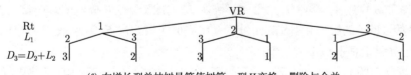

(f) 右增长型单枝树最简值树第一型 H 变换：删除与合并

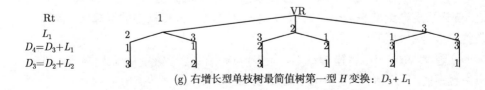

(g) 右增长型单枝树最简值树第一型 H 变换：$D_3 + L_1$

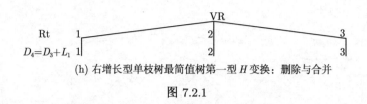

(h) 右增长型单枝树最简值树第一型 H 变换: 删除与合并

图 7.2.1

7.3　第二型变换

当变换的运算集合中的运算不全是约束集合中的元素时, 该 H 变换称为第二型 H 变换.

7.3.1　解向量表的第二型变换

右增长型单枝树最简解向量表 TB 的第二型 H 变换(表 7.3.1).

变换的运算集合 D 是,

(1) $d_1 : L_1 + L_2 = D_1$ (表 7.3.1(a)、(b));

(2) $d_2 : L_3 + L_4 = D_2$ (表 7.3.1(c)、(d));

(3) $d_3 : L_5 + D_2 = D_3$ (表 7.3.1(e)、(f));

(4) $d_4 : D_1 + D_3 = D_4$ (表 7.3.1(g)、(h)).

在表 7.3.1(a) 中, 运算 $D_1 = L_1 + L_2$ 出现半数 (24 个)0 分量. 这一 h 变换中的运算 $L_1 + L_2$ 不是约束集合中的方程.

在表 7.3.1(b) 中, 删除 L_1、用 D_1 替换 L_2、删除含有 0 分量的解向量. 删除 0 分量的表无重复的解向量. 对解向量表 TB 完成了第一次 h 变换. 变换后层向量减少一个, 解向量剩下一半 (24 个).

在表 7.3.1(c) 中, 运算 $D_2 = L_3 + L_4$ 出现半数 (12 个)0 分量. 这一 h 变换中的运算 $L_3 + L_4$ 不是约束集合中的方程.

在表 7.3.1(d) 中, 删除 L_3、用 D_2 替换 L_4、删除含有 0 分量的解向量. 删除 0 分量的表无重复的解向量. 对解向量表 TB 完成了第二次 h 变换. 变换后层向量减少一个, 解向量剩下一半 (12 个).

在表 7.3.1(e) 中, 运算 $D_3 = L_5 + D_2 = L_3 + L_4 + L_5 = B_2 \neq 0$ 是约束集合中的方程. 因此 D_3 中没出现 0 分量.

在表 7.3.1(f) 中, 删除 L_3、用 D_3 替换 D_2. 出现两两相同的解向量 3 对, 合并之. 变换后层向量减少一个, 解向量剩下一半. 这一 h 变换中的运算 $L_3 + L_4 + L_5$ 是约束集合中的方程.

在表 7.3.1(g) 中, 运算 $D_4 = D_1 + D_3 = L_1 + L_2 + L_3 + L_4 + L_5 = \text{Rt} \neq 0$ 是约束集合中的方程. 因此 D_4 中没出现 0 分量.

在表 7.3.1(h) 中, 删除 D_1、用 D_4 替换 D_2. 出现两两相同的解向量 3 对, 合并之. 变换后层向量减少一个, 只剩下一个层向量 D_4, 解向量剩下一半, 只有 3 个.

至此, 右增长型单枝树的最简解向量表 TB 的第二型 H 变换结束.

右增长型单枝树最简解向量表 TB 的另一个第二型 H 变换(表 7.3.2).

变换的运算集合 D 是:

(1) $d_1 : L_1 + L_2 = D_1$ (表 7.3.2(a)、(b));

(2) d_2: $D_1 + L_3 = D_2$ (表 7.3.2(c)、(d));

(3) d_3: $L_4 + D_2 = D_3$ (表 7.3.2(e)、(f));

(4) d_4: $L_5 + D_3 = D_4$ (表 7.3.2(g)、(h)).

在表 7.3.2(a) 中, 运算 $D_1 = L_1 + L_2$ 出现半数 (24 个)0 分量. 这一 h 变换中的运算 $L_1 + L_2$ 不是约束集合中的方程.

在表 7.3.2(b) 中, 删除 L_1、用 D_1 替换 L_2、删除含有 0 分量的解向量. 删除 0 分量的表无重复的解向量. 对解向量表 TB 完成了第一次 h 变换. 变换后层向量减少一个, 解向量剩下一半 (24 个).

在表 7.3.2(c) 中, 运算 $D_2 = D_1 + L_3 = L_1 + L_2 + L_3$ 出现半数 (12 个)0 分量. 这一 h 变换中的运算 $L_1 + L_2 + L_3$ 不是约束集合中的方程.

在表 7.3.2(d) 中, 删除 D_1、用 D_2 替换 L_3、删除含有 0 分量的解向量. 删除 0 分量的表无重复的解向量. 对解向量表 TB 完成了第二次 h 变换. 变换后层向量减少一个, 解向量剩下一半 (12 个).

在表 7.3.2(e) 中, 运算 $D_3 = D_2 + L_4 = L_1 + L_2 + L_3 + L_4$ 出现半数 (6 个)0 分量. 这一 h 变换中的运算 $L_1 + L_2 + L_3 + L_4$ 不是约束集合中的方程.

在表 7.3.2(f) 中, 删除 D_1、用 D_3 替换 L_4、删除含有 0 分量的解向量. 无重复的解向量. 对解向量表 TB 完成了第三次 h 变换. 变换后层向量减少一个, 解向量剩下一半 (6 个).

在表 7.3.2(g) 中, 运算 $D_4 = D_3 + L_5 = L_1 + L_2 + L_3 + L_4 + L_5 = \mathrm{Rt} \neq 0$ 是约束集合中的方程. 因此 D_4 中没出现 0 分量.

在表 7.3.2(h) 中, 删除 D_3、用 D_4 替换 L_5. 出现两两相同的解向量 3 对, 合并之. 变换后层向量减少一个, 只剩下一个层向量 D_4, 解向量剩下一半, 只有 3 个.

至此, 右增长型单枝树的最简解向量表 TB 的另一个第二型 H 变换结束.

同一个解向量表 (同一个约束集合), 对于不同的变换运算集合, 在变换过程中的表现是不同的.

当变换运算集合中的运算与约束集合中的方程相同时, 该运算的结果向量中没有 0 分量. 这是因为在构造解向量表时遵守 $N_i.v \neq 0$ 的规则. 此时运算的结果是两个参与运算的层向量的父层向量. 用父层向量替换其子层向量, 就产生了重复的解向量.

当变换运算集合中的运算与约束集合中的方程不相同时, 参与运算的两个层向量一定不在同一个基本模块中, 一个层向量 A 的一个值 t 的全部出现, 对应另一个层向量的三个不同值, 这三个值出现数目的合计等于层向量 A 的一个值 t 的全部出现数目. 所以以参与运算的两个层向量的和一定会出现 0 分量但一定不会是 0 向量.

上面同一个解向量表的两个变换例子中, 除了运算 $L_1+L_2+L_3+L_4+L_5$ 外, 表 7.3.1 的变换运算集合中还有运算 $L_3+L_4+L_5$ 是与约束集合相同的, 表 7.3.2 的变换运算集合中没有运算是与约束集合相同的.

表 7.3.1　右增长型单枝树最简解向量表第二型变换 1(a) L_1+L_2

```
Rt         111111111111111111112222222222222222222233333333333333333333
L1         222222223333333333333333331111111111111111112222222222
L2         11112222333311111111222222222333333333311112222333333
D1=L1+L2   333300002220000000011113333000000000222200001111
L3         3311223311222233331122331122331111222233112233 11
L4         122312313123123112231231312312312231231231313123 1223
L5         21322131313221312132213131313221323213221313132 2132
```

表 7.3.1　右增长型单枝树最简解向量表第二型变换 1(b) 替换与删除

Rt	1	1	1	1	1	1	1	1	2	2	2	2	2	2	2	2	3	3	3	3	3	3	3	3
$D_1=L_1+L_2$	3	3	3	3	2	2	2	2	1	1	1	1	3	3	3	3	2	2	2	2	1	1	1	1
L_3	3	3	1	1	1	1	2	2	3	3	1	1	2	2	3	3	1	1	2	2	3	3	1	1
L_4	1	2	2	3	3	1	2	3	1	2	3	1	3	1	2	3	1	2	3	1	1	2	2	3
L_5	2	1	3	2	3	1	3	2	2	1	3	1	3	1	3	2	2	1	3	1	2	1	3	2

表 7.3.1　右增长型单枝树最简解向量表第二型变换 1(c) L_3+L_4

Rt	1	1	1	1	1	1	1	1	2	2	2	2	2	2	2	2	3	3	3	3	3	3	3	3
$D_1=L_1+L_2$	3	3	3	3	2	2	2	2	1	1	1	1	3	3	3	3	2	2	2	2	1	1	1	1
L_3	3	3	1	1	1	1	2	2	3	3	1	1	2	2	3	3	1	1	2	2	3	3	1	1
L_4	1	2	2	3	3	1	2	3	1	2	3	1	3	1	2	3	1	2	3	1	1	2	2	3
$D_2=L_3+L_4$	0	1	3	0	0	2	0	1	3	0	2	0	0	2	0	1	3	0	2	0	0	1	3	0
L_5	2	1	3	2	3	1	3	2	2	1	3	1	3	1	3	2	2	1	3	1	2	1	3	2

表 7.3.1　右增长型单枝树最简解向量表第二型变换 1(d) 替换与删除

Rt	1	1	1	1	2	2	2	2	3	3	3	3
$D_1=L_1+L_2$	3	3	2	2	1	1	3	3	2	2	1	1
$D_2=L_3+L_4$	1	3	2	1	3	2	2	1	3	2	1	3
L_5	1	3	1	2	2	3	1	2	2	3	1	3

表 7.3.1　右增长型单枝树最简解向量表第二型变换 1(e) D_2+L_5

Rt	1	1	1	1	2	2	2	2	3	3	3	3
$D_1=L_1+L_2$	3	3	2	2	1	1	3	3	2	2	1	1
$D_2=L_3+L_4$	1	3	2	1	3	2	2	1	3	2	1	3
L_5	1	3	1	2	2	3	1	2	2	3	1	3
$D_3=D_2+L_5$	2	2	3	3	1	1	3	3	1	1	2	2

表 7.3.1　右增长型单枝树最简解向量表第二型变换 1(f) 删除与合并

Rt	1	1	2	2	3	3
$D_1=L_1+L_2$	3	2	1	3	2	1
$D_3=D_2+L_5$	2	3	1	3	1	2

表 7.3.1　右增长型单枝树最简解向量表第二型变换 1(g) D_1+L_3

Rt	1	1	2	2	3	3
$D_1=L_1+L_2$	3	2	1	3	2	1
$D_3=D_2+L_5$	2	3	1	3	1	2
$D_4=D_3+D_1$	1	1	2	2	3	3

表 7.3.1　右增长型单枝树最简解向量表第二型变换 1(h) 删除与合并

Rt	1	2	3
$D_4=D_3+L_5$	1	2	3

表 7.3.1　右增长型单枝树最简解向量表第二型变换 1(i) 运算集合

变换运算集合	$d_1: D_1=L_1+L_2$	$d_3: D_3=D_2+L_5$
	$d_2: D_2=L_3+L_4$	$d_4: D_4=D_3+D_1$

表 7.3.2　右增长型单枝树最简解向量表第二型变换 2(a) L_1+L_2

Rt	111111111111111111112222222222222222222233333333333333333333
L_1	222222222233333333333333333333111111111111111111112222222222
L_2	111122223333111111111222222222233333333331111222233333333...
$D_1=L_1+L_2$	3333000022220000000001111333300000000002222000011111
L_3	331122331112222333331122331122331111222233112233 11
L_4	122312313123123112312313123122331231231312311231223
L_5	213221313132213121322131313132213232313222131313221322

表 7.3.2　右增长型单枝树最简解向量表第二型变换 2(b) 替换与删除

Rt	1	1	1	1	1	1	1	1	2	2	2	2	2	2	2	2	3	3	3	3	3	3	3	3
$D_1 = L_1 + L_2$	3	3	3	3	2	2	2	2	1	1	1	1	3	3	3	3	2	2	2	2	1	1	1	1
L_3	3	3	1	1	1	1	2	2	2	2	3	3	1	1	2	2	2	2	3	3	3	3	1	1
L_4	1	2	2	3	3	1	2	3	1	2	3	1	3	1	2	3	1	2	3	1	1	2	2	3
L_5	2	1	3	2	3	1	3	2	2	1	3	1	3	1	3	2	2	1	3	1	2	1	3	2

表 7.3.2　右增长型单枝树最简解向量表第二型变换 2(c) $D_1 + L_3$

Rt	1	1	1	1	1	1	1	1	2	2	2	2	2	2	2	2	3	3	3	3	3	3	3	3
$D_1 = L_1 + L_2$	3	3	3	3	2	2	2	2	1	1	1	1	3	3	3	3	2	2	2	2	1	1	1	1
L_3	3	3	1	1	1	1	2	2	2	2	3	3	1	1	2	2	2	2	3	3	3	3	1	1
$D_2 = D_1 + L_3$	2	2	0	0	3	3	0	0	3	3	0	0	0	0	1	1	0	0	1	1	0	0	2	2
L_4	1	2	2	3	3	1	2	3	1	2	3	1	3	1	2	3	1	2	3	1	1	2	2	3
L_5	2	1	3	2	3	1	3	2	2	1	3	1	3	1	3	2	2	1	3	1	2	1	3	2

表 7.3.2　右增长型单枝树最简解向量表第二型变换 2(d) 替换与删除

Rt	1	1	1	1	2	2	2	2	3	3	3	3
$D_2 = D_1 + L_3$	2	2	3	3	3	3	1	1	1	1	2	2
L_4	1	2	3	1	1	2	2	3	3	1	2	3
L_5	2	1	3	1	2	1	3	2	3	1	3	2

表 7.3.2　右增长型单枝树最简解向量表第二型变换 2(e) $D_2 + L_4$

Rt	1	1	1	1	2	2	2	2	3	3	3	3
$D_2 = D_1 + L_3$	2	2	3	3	3	3	1	1	1	1	2	2
L_4	1	2	3	1	1	2	2	3	3	1	2	3
$D_3 = D_2 + L_4$	3	0	2	0	0	1	3	0	0	2	0	1
L_5	2	1	3	1	2	1	3	2	3	1	3	2

表 7.3.2　右增长型单枝树最简解向量表第二型变换 2(f) 替换与删除

Rt	1	1	2	2	3	3
$D_3 = D_2 + L_4$	3	2	1	3	2	1
L_5	2	3	1	3	1	2

表 7.3.2　右增长型单枝树最简解向量表第二型变换 2(g) $D_3 + L_5$

Rt	1	1	2	2	3	3
$D_3 = D_2 + L_4$	3	2	1	3	2	1
L_5	2	3	1	3	1	2
$D_4 = D_3 + L_5$	1	1	2	2	3	3

表 7.3.2 右增长型单枝树最简解向量表第二型变换 2(h) 替换与合并

Rt	1	2	3
$D_4 = D_3 + L_5$	1	2	3

表 7.3.2 右增长型单枝树最简解向量表第二型变换 2(i) 运算集合

变换运	$d_1: D_1 = L_1 + L_2$	$d_3: D_3 = D_2 + L_4$
算集合	$d_2: D_2 = D_1 + L_3$	$d_4: D_4 = D_3 + L_5$

7.3.2 值树上的第二型变换

右增长型单枝树最简值树 TV 的第二型变换(图 7.3.1).

变换的运算集合 D:

(1) d_1：$L_1 + L_2 = D_1$ (图 7.3.1(a)、(b));

(2) d_2：$L_3 + L_4 = D_2$ (图 7.3.1(c)、(d));

(3) d_3：$L_5 + D_2 = D_3$ (图 7.3.1(e)、(f));

(4) d_4：$D_1 + D_3 = D_4$ (图 7.3.1(g)、(h)).

图 7.3.1(a) 展示对值树 TV 进行第一次 h 变换的运算 $D_1 = L_1 + L_2$. 计算结果放置在 L_2 层向量的延长枝上, D_1 的分量中有半数 (6 个) 为 0. 这个 h 变换的运算不包括在约束集合中.

图 7.3.1(b) 展示删除 L_1 与 L_2 以及删除含有 0 分量的子树后的结果.

图 7.3.1(c) 展示对值树 TV 进行第二次 h 变换的运算 $D_2 = L_3 + L_4$. 计算结果放置在 D_1 层向量的延长枝上, D_2 的分量中有半数 (12 个) 为 0. 这个 h 变换的运算不包括在约束集合中.

图 7.3.1(d) 展示删除 L_3 与 D_1 以及删除含有 0 分量的子树后的结果.

图 7.3.1(e) 展示对值树 TV 进行第三次 h 变换的运算 $D_3 = L_5 + D_2$. 计算结果放置在 L_5 层向量的延长枝上, D_3 中没有为 0 的分量, 因为 $D_3 = L_5 + D_2 = L_3 + L_4 + L_5 = B_2 \neq 0$. 这个 h 变换的运算包括在约束集合中.

图 7.3.1(f) 展示删除 L_2 与 D_2 以及合并 3 对两两相同的解向量后的结果.

图 7.3.1(g) 展示对值树 TV 进行第四次 h 变换的运算 $D_4 = D_1 + D_3$. 计算结果放置在 D_3 层向量的延长枝上, D_4 中没有为 0 的分量, 因为 $D_4 = D_1 + D_3 = L_1 + L_2 + L_3 + L_4 + L_5 = \mathrm{Rt} \neq 0$. 这个 h 变换的运算包括在约束集合中.

图 7.3.1(h) 展示删除 L_1 与 D_3 以及合并 3 对两两相同的解向量后的结果.

至此, 只剩下 D_4 层, 它等于根层. 最简值树 TV 的 H 变换结束.

右增长型单枝树最简值树 TV 的另一个第二型变换(图 7.3.2).

变换的运算集合 D:

(1) d_1: $L_1 + L_2 = D_1$ (图 7.3.2(a)、(b));

(2) d_2: $D_1 + L_3 = D_2$ (图 7.3.2(c)、(d));

(3) d_3: $L_4 + D_2 = D_3$ (图 7.3.2(e)、(f));

(4) d_4: $L_5 + D_3 = D_4$ (图 7.3.2(g)、(h)).

图 7.3.2(a) 展示对值树 TV 进行第一次 h 变换的运算 $D_1 = L_1 + L_2$. 计算结果放置在 L_2 层向量的延长枝上, D_1 的分量中有半数 (6 个) 为 0. 这个 h 变换的运算 $L_1 + L_2$ 不包括在约束集合中.

图 7.3.2(b) 展示删除 L_1 与 L_2, 以及删除含有 0 分量的子树后的结果.

图 7.3.2(c) 展示对值树 TV 进行第二次 h 变换的运算 $D_2 = D_1 + L_3 = L_1 + L_2 + L_3$. 计算结果放置在 L_3 层向量的延长枝上, D_2 的分量中有半数 (6 个) 为 0. 这个 h 变换的运算 $L_1 + L_2 + L_3$ 不包括在约束集合中.

图 7.3.2(d) 展示删除 L_3 与 D_1, 以及删除含有 0 分量的子树后的结果.

图 7.3.2(e) 展示对值树 TV 进行第三次 h 变换的运算 $D_3 = D_2 + L_4 = L_1 + L_2 + L_3 + L_4$. 计算结果放置在 L_4 层向量的延长枝上, D_3 的分量中有半数 (6 个) 为 0. 这个 h 变换的运算 $L_1 + L_2 + L_3 + L_4$ 不包括在约束集合中.

图 7.3.2(f) 展示删除 L_4 与 D_3, 以及删除含有 0 分量的子树后的结果.

图 7.3.2(g) 展示对值树 TV 进行第四次 h 变换的运算 $D_4 = D_3 + L_5 = L_1 + L_2 + L_3 + L_4 + L_5 = \text{Rt} \neq 0$. 计算结果放置在 L_4 层向量的延长枝上, D_4 中没有为 0 的分量. 这个 h 变换的运算 $L_1 + L_2 + L_3 + L_4 + L_5$ 包括在约束集合中.

图 7.3.2(h) 展示删除 L_5 与 D_3, 以及合并 3 对两两相同的解向量后的结果.

至此, 只剩下 D_4 层, 它等于根层. 最简值树 TV 的另一个 H 变换结束.

同一个值树 (同一个约束集合), 对于不同的变换运算集合, 在变换过程中的表现是不同的.

当变换运算集合中的运算与约束集合中的方程相同时, 该运算的结果向量中没有 0 分量. 这是因为在构造值树时遵守 $N_i.v \neq 0$ 的规则. 此时运算的结果是参与运算的两个层向量的父层向量. 用父层向量替换其子层向量, 就产生了重复的解向量.

当变换运算集合中的运算与约束集合中的方程不相同时, 参与运算的两个层向量中, 一个层向量的一个值的全部出现, 对应另一个层向量的三个不同值的共计同样数目的出现. 所以以参与运算的两个层向量的和一定会出现 0 分量.

上面同一个值树的两个变换例子中, 除了运算 $L_1 + L_2 + L_3 + L_4 + L_5$ 外, 图 7.3.1 的变换运算集合中还有运算 $L_3 + L_4 + L_5$ 是与约束集合相同的, 图 7.3.2 的变换运算集合中没有运算是与约束集合相同的 (图 7.3.3).

变换运算集合	d_1: $D_1=L_1+L_2$	d_3: $D_3=D_2+L_5$
	d_2: $D_2=L_3+L_4$	d_4: $D_4=D_3+D_1$

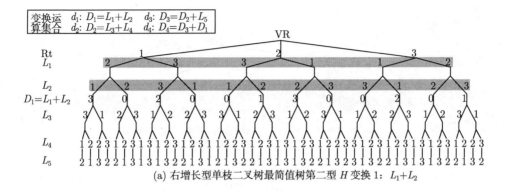

(a) 右增长型单枝二叉树最简值树第二型 H 变换 1: L_1+L_2

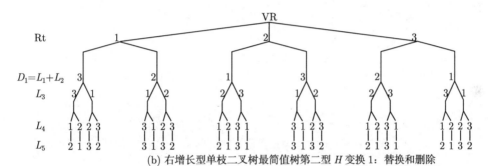

(b) 右增长型单枝二叉树最简值树第二型 H 变换 1: 替换和删除

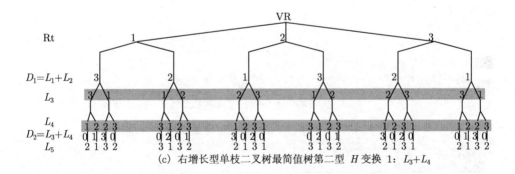

(c) 右增长型单枝二叉树最简值树第二型 H 变换 1: L_3+L_4

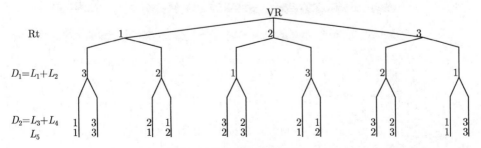

(d) 右增长型单枝二叉树最简值树第二型 H 变换 1: 替换和删除

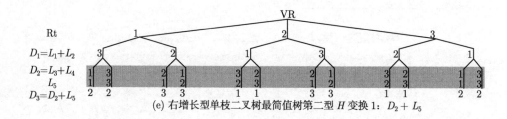

(e) 右增长型单枝二叉树最简值树第二型 H 变换 1：$D_2 + L_5$

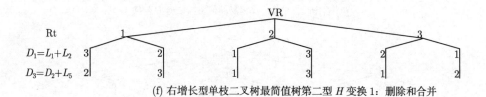

(f) 右增长型单枝二叉树最简值树第二型 H 变换 1：删除和合并

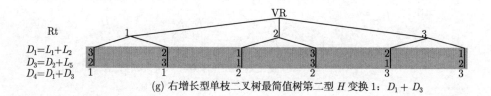

(g) 右增长型单枝二叉树最简值树第二型 H 变换 1：$D_1 + D_3$

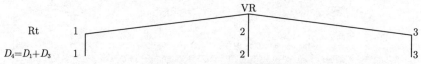

(h) 右增长型单枝二叉树最简值树第二型 H 变换 1：删除和合并

图 7.3.1　右增长型单枝二叉树最简值树第二型 H 变换 1

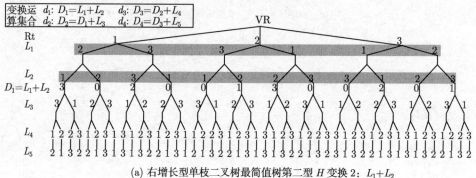

(a) 右增长型单枝二叉树最简值树第二型 H 变换 2：$L_1 + L_2$

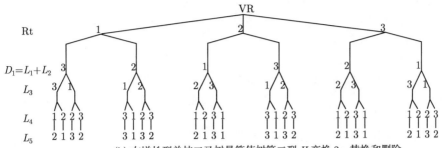

(b) 右增长型单枝二叉树最简值树第二型 H 变换 2：替换和删除

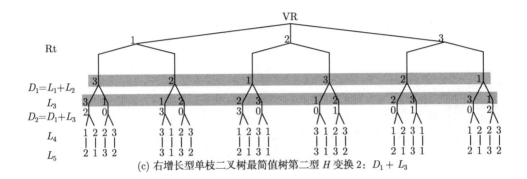

(c) 右增长型单枝二叉树最简值树第二型 H 变换 2：$D_1 + L_3$

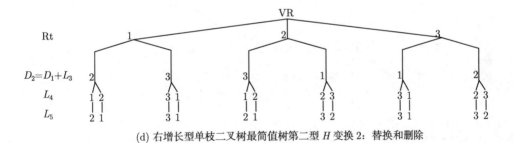

(d) 右增长型单枝二叉树最简值树第二型 H 变换 2：替换和删除

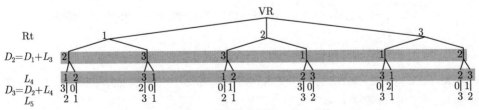

(e) 右增长型单枝二叉树最简值树第二型 H 变换 2：$D_2 + L_4$

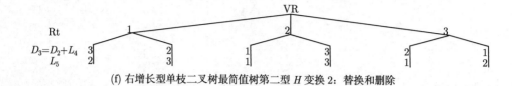

(f) 右增长型单枝二叉树最简值树第二型 H 变换 2：替换和删除

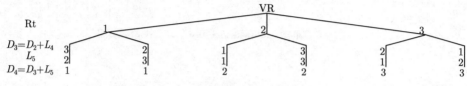

(g) 右增长型单枝二叉树最简值树第二型 H 变换 2：$D_3 + L_5$

(h) 右增长型单枝二叉树最简值树第二型 H 变换 2：删除和合并

图 7.3.2　右增长型单枝二叉树最简值树第二型 H 变换 2

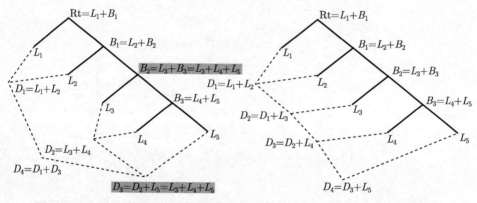

图 7.3.3　右增长型单枝二叉树最简值树的生成时约束集合与两个变换运算集合

7.3.3　第二型变换的结束条件

对于第一型 H 变换, 由于其变换运算集合等于生成解向量表或生成值树的约束集合, 集合中的每一个运算都不会产生 0 向量. 因而, 第一型 H 变换结束条件只有第一和第二个. 二者同时满足.

现在讨论第二型 H 变换的结束条件 (图 7.3.4~图 7.3.12).

4.3 节的结果 (5) 告诉我们, 任何一棵完整二叉树每个节点都可取 3 个值 (图

7.3.4(a)).

设 L_i, L_j 是两个相邻叶节点, 变换运算集合中有 $S_i = L_i + L_j$.

由 4.3 节的结果 (1), 当叶节点 L_i 取 1 个值时, L_i 的兄弟节点、父节点都可取 2 个值. 其他节点可取 3 个值. 与 L_i 不在同一个模块的相邻叶节点 L_j 可取 3 个值 (图 7.3.4(b)). 3 个值中总有一个与 L_i 是反值, 故 $S_i = L_i + L_j$ 只可取 2 个值. 揆弃 L_j 中 L_i 的反值, L_j 可取值还剩下 2 个. 在 4.3 节的结果 (3) 情况下, 二叉树其他节点的可取值不变图 7.3.4(c)). 在 4.3 节的结果 (4) 情况下, L_j 的兄弟节点可取 (1, 2 或 3) 个值, 兄弟节点的子节点的可取 (2 或 3) 个值. 而二叉树其他节点的可取值不变 (图 4.3.4(c1)~(c3)).

(约定: 两个节点的值进行了加法运算, 就说这两个节点已经 "被消耗".)

在结果 (3) 情况下, 把 L_i 取值 1、值 2、值 3 的三组实例合并起来, 显然有: L_i 取 3 个值, $S_i = L_i + L_j$ 可取 3 个值, L_j 可取 3 个值, L_j 的兄弟节点可取 3 个值, L_j 的兄弟节点的子节点可取 3 个值, 二叉树其他节点都可取 3 个值 (图 7.3.4(d)).

在结果 (4) 情况下, 可参考图 4.3.4, 极端的是 (c1) 实例, 有一个节点只可取 1 个值. 但这只在二叉树 1 个节点取值 2 时出现. 其他的实例各节点都可取 2 个值 以上. 当把 (c1) 实例、(c2) 实例、(c3) 实例这三组实例合并起来时, 二叉树所有节点仍然都可取 3 个值.

综上所述, 可得以下结论.

变换集合中不同模块的两个没被消耗的叶节点 $L_i + L_j$ 运算, 不改变完整二叉树每个节点都可取 3 个值的性质. 不会产生 0 向量, 但 "和" 向量中一些分量会为 0.

合并三组实例后, 我们可以在二叉树的 L_i 和 L_j 节点处加一个枝连接一个新节点 S_i, 它的可取值有 3 个 (图 7.3.4(d)).

若 L_i 和 L_j 在同一个模块, 当 L_i 取 3 个值, L_j 可取 3 个值, $S_i = L_i + L_j$ 可取 3 个值, 其他节点可取值不受影响都可取 3 个值. S_i 是 L_i、L_j 的父节点 F_i 等效物. 因此,

同一个模块的两个没被消耗的叶节点 $L_i + L_j$ 运算, 不改变完整二叉树每个节点都可取 3 个值的性质. 不会产生 0 向量, "和" 向量中分量都不为 0.

对于每个节点都可取 3 个值的二叉树, 非等效物情况下, 当 S_i 取 1 个值时, L_i 与 L_j 分别可取 2 个值, 二叉树其他节点都可取 3 个值 (图 7.3.5(a)).

等效物情况下, S_i 即 F_i 节点取 3 个值, 以 F_i 为根的子树的所有节点分别都可取 3 个值, 二叉树其他节点都可取 3 个值.

设 L_k 是一个与新节点 S_i 相邻 (即与 L_i 或 L_j 相邻) 的叶节点, 且变换运算集合中有 $S_k = S_i + L_k$.

若 S_k 不是一个权节点等效物, 则 S_i 取 1 个值时, L_k 可取值是 3 个 (图

7.3.5(a)), 必有 1 个是 S_i 值的反值. 故 $S_k = S_i + L_k$ 只可取 2 个值. L_k 摈弃 S_i 值的反值, 取 2 个值 (图 7.3.5(b)). 在 4.3 节的结果 (3) 情况下, 其他节点的可取值不变. 在 4.3 节的结果 (4) 情况下, L_k 的兄弟节点可取 (1、2 或 3) 个值, 其兄弟节点的子节点的可取 (2 或 3) 个值.

然而, 不管是结果 (3) 或结果 (4) 的情况, 把 S_i 分别取值 1、值 2、值 3 的三组实例合并起来, S_i, L_k, 以及 L_k 的兄弟节点、L_k 的兄弟节点的子节点、二叉树其他所有的节点都可取 3 个值. S_k 也可取 3 个值 (图 7.3.5(c)).

当 $S_k = S_i + L_k$ 是二叉树一个权节点 N_k 等效物时, 则运算只涉及以 N_k 为根的子树. 当 N_k 取 3 个值时, 子树上的节点都可取 3 个值, 二叉树其他所有的节点都可取 3 个值, S_i 是该子树上若干叶节点的和, 故也可取 3 个值. 反过来, S_i 取 3 个值, N_k 子树上的节点都可取 3 个值, 二叉树其他所有的节点都可取 3 个值.

综上所述, 可得以下结论.

变换集合中一个没被消耗的新节点 S_i 与另一个没被消耗的叶节点 L_k 的相加运算 $S_i + L_k$, 不改变完整二叉树每个节点都可取 3 个值的性质. 不会产生 0 向量. 等效物情况下 "和" 向量中分量不会为 0, 非等效物情况下 "和" 向量中一些分量会为 0.

设 S_p 和 S_q 是相邻的两个新节点, 变换运算集合中有 $S_t = S_p + S_q$.

若 $S_t = S_p + S_q$ 不是二叉树一个权节点的等效物, S_q 与 S_p 不在一个模块, 当 S_p 取 1 个值时, S_p 可取值是 3 个, 其中必有 1 个是 S_p 反值 (图 7.3.9(a)). 故 $S_t = S_p + S_q$ 可取 2 个值, S_q 摈弃反值也取 2 个值 (图 7.3.9(b)). 在 4.3 节的结果 (3) 情况下, 其他节点的可取值不变. 在 4.3 节的结果 (4) 情况下, S_q 的兄弟节点可取 (1、2 或 3) 个值, 其兄弟节点的子节点的可取 (2 或 3) 个值.

然而, 不管是结果 (3) 或结果 (4) 的情况, 把 S_p 取值 1、值 2、值 3 三组实例合并起来, 就有: S_p 取 3 个值, $S_t = S_p + S_q$ 可取 3 个值, S_q 可取 3 个值, S_q 的兄弟节点可取 3 个值, S_q 的兄弟节点的子节点可取 3 个值, 其他节点都可取 3 个值 (图 7.3.9(c)).

当 S_t 是二叉树一个权节点 N_t 等效物时, N_t 是 S_p 与 S_q 父节点, 那么 $S_t = S_p + S_q$ 变换只涉及 N_t 为根的子树. 当 N_t 取 3 个值时, 二叉树的所有节点都可取 3 个值, S_p, S_q 分别是这棵子树上若干叶节点之和, 故也可取 3 个值. 反过来, S_p 取 3 个值, 二叉树的所有节点都可取 3 个值, S_q 可取 3 个值.

综上所述, 可得以下结论.

变换集合中两个没被消耗的新节点 S_p 与 S_q 的加运算 $S_p + S_q$, 不改变完整二叉树每个节点都可取 3 个值的性质. 不会产生 0 向量. 等效物情况下 "和" 向量中分量不会为 0, 非等效物情况下 "和" 向量中一些分量会为 0.

二叉树的第二型 H 变换运算只有上述三种: 没被消耗的叶节点相加、没被消耗的新节点与叶节点相加、没被消耗的新节点相加.

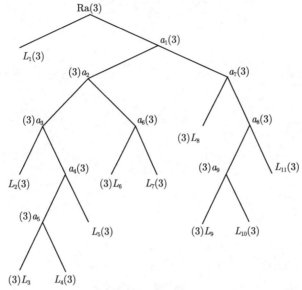

(a) 初始状态
全部节点都可取 3 个值

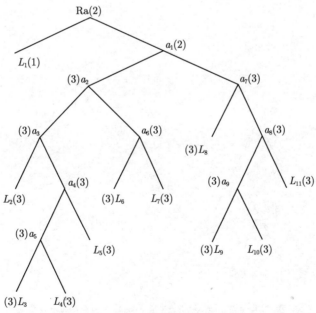

(b) 取一值 (3 组实例)
L_1 只取一个值, 使 Ra, a_1 可取值只有 2 个

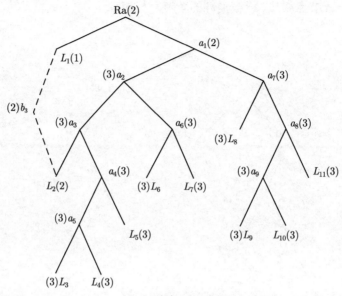

(c) 相加 (3 组实例)

$L_1 + L_2$, 和取 2 个值, 相应地, L_2 也取 2 个值

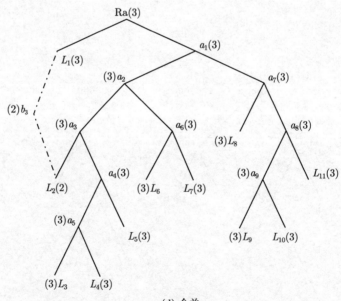

(d) 合并

合并 (c) 的 3 组实例, 添加一个节点 b_3, 全部节点都可取 3 个值

图 7.3.4

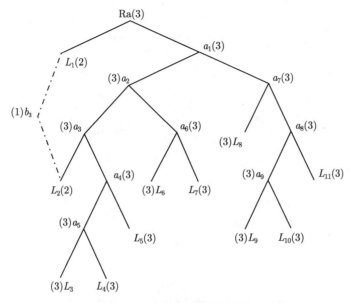

(a) 取一值 (3 组实例)

b_3 只取一个值, 使 L_2, L_1 可取值只有 2 个

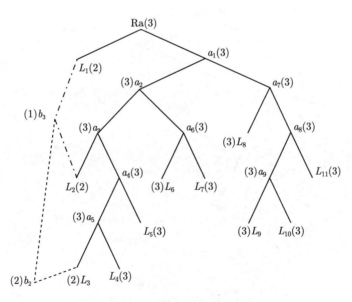

(b) 相加 (3 组实例)

$b_3 + L_3$, 和取 2 个值, 相应地, L_3 也取 2 个值

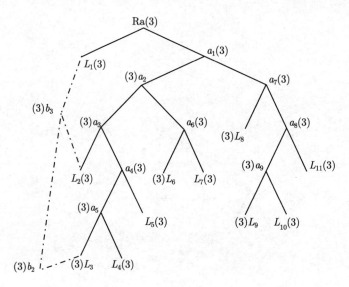

(c) 合并

合并 (b) 的 3 组实例, 添加一个节点 b_2, 全部节点都可取 3 个值

图 7.3.5

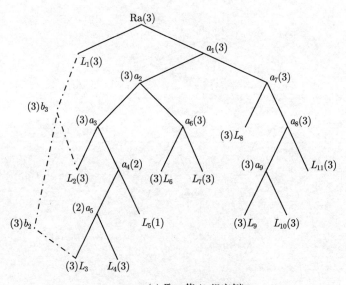

(a) 取一值 (3 组实例)

L_5 只取一个值, 使 a_4, a_5 可取值只有 2 个

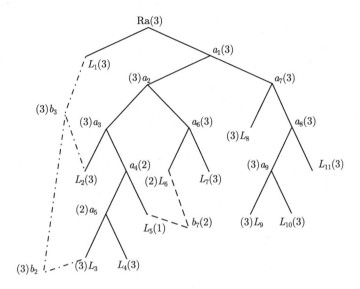

(b) 相加 (3 组实例)

$L_5 + L_6$,和取 2 个值,相应地,L_6 也取 2 个值

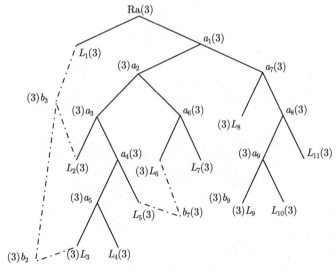

(c) 合并

合并 (b) 的 3 组实例,添加一个节点 b_7,全部节点都可取 3 个值

图 7.3.6

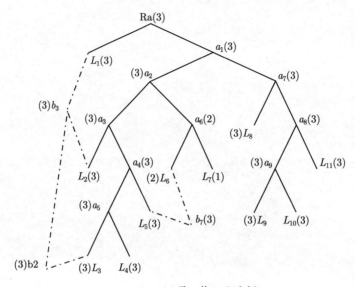

(a) 取一值 (3 组实例)

L_7 只取一个值，使 L_6，a_6 可取值只有 2 个

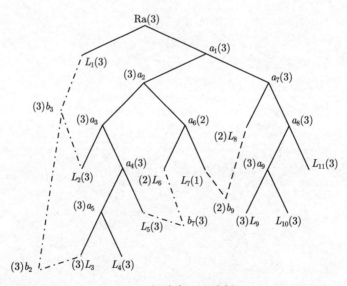

(b) 相加 (3 组实例)

$L_7 + L_8$，和取 2 个值，相应地，L_8 也取 2 个值

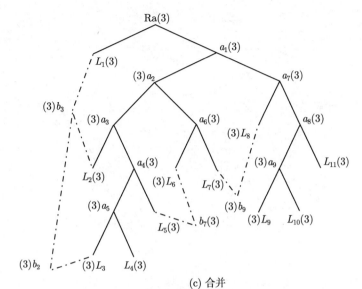

(c) 合并

合并 (b) 的 3 组实例, 添加一个节点 b_9, 全部节点都可取 3 个值

图 7.3.7

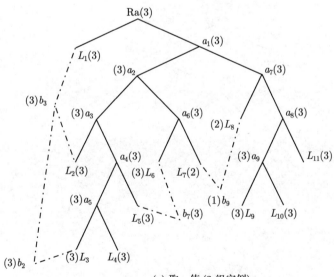

(a) 取一值 (3 组实例)

b_9 只取一个值, 使 L_7, L_8 可取值只有 2 个

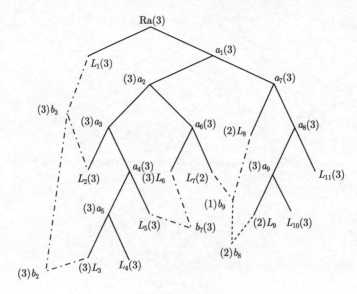

(b) 相加 (3 组实例)

$b_9 + L_9$ 相应地，L_9 也取 2 个值

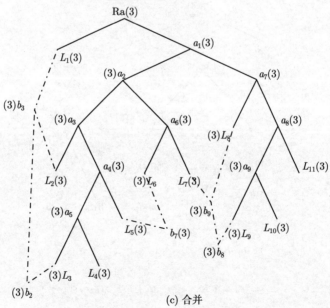

(c) 合并

合并 (b) 的 3 组实例，添加一个节点 b_8，全部节点都可取 3 个值

图 7.3.8

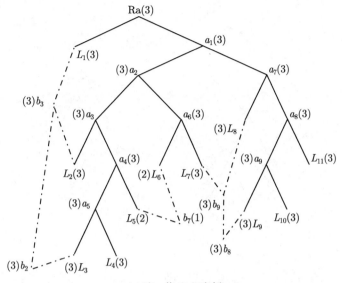

(a) 取一值 (3 组实例)

b_7 只取一个值，使 L_5, L_6 可取值只有 2 个

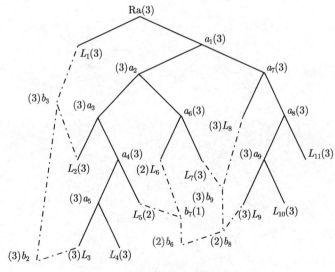

(b) 相加 (3 组实例)

$b_7 + b_8$，和取 2 个值，相应地，b_8 也取 2 个值

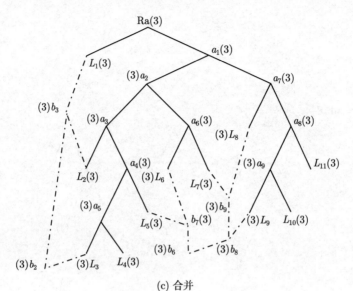

(c) 合并

合并 (b) 的 3 组实例, 添加一个节点 b_6, 全部节点都可取 3 个值

图 7.3.9

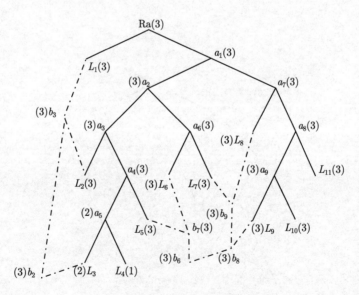

(a) 取一值 (3 组实例)

L_4 只取一个值, 使 L_3, a_5 可取值只有 2 个

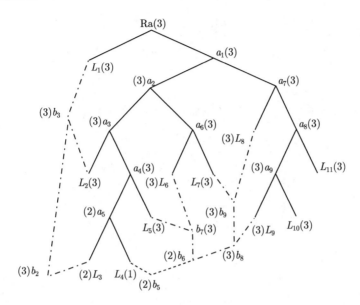

(b) 相加 (3 组实例)

$L_4 + b_6$, 和取 2 个值, 相应地 b_6 也取 2 个值

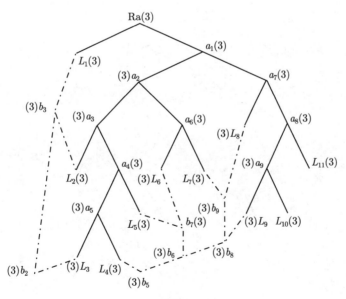

(c) 合并

合并 (b) 的3组实例, 添加一个节点b_5, 全部节点都可取 3 个值

图 7.3.10

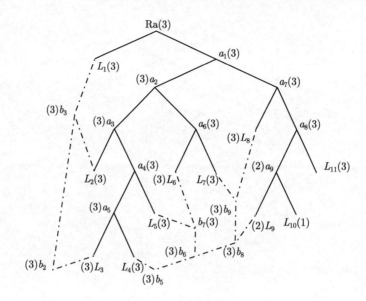

(a) 取一值 (3 组实例)

L_{10} 只取一个值, 使 L_9, a_9 可取值只有 2 个

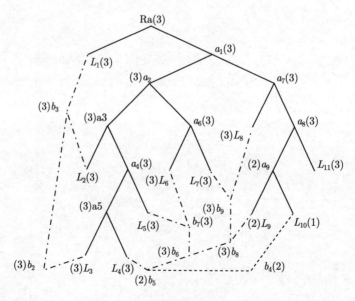

(b) 相加 (3 组实例)

$L_{10} + b_5$, 和取 2 个值, 相应地 b_5 也取 2 个值

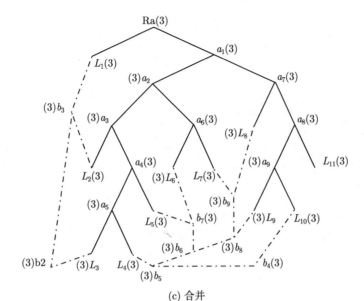

(c) 合并

合并 (b) 的 3 组实例, 添加一个节点 b_4, 全部节点都可取 3 个值

图 7.3.11

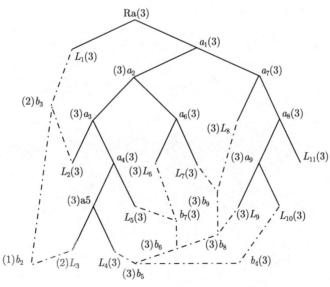

(a) 取一值 (3 组实例)

b_2 只取一个值, 使 L_3, b_3 可取值只有 2 个

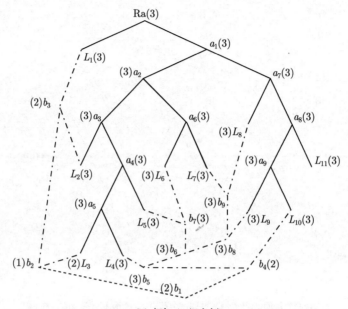

(b) 相加 (3 组实例)

$b_2 + b_4$, 和取 2 个值, 相应地 b_4 也取 2 个值

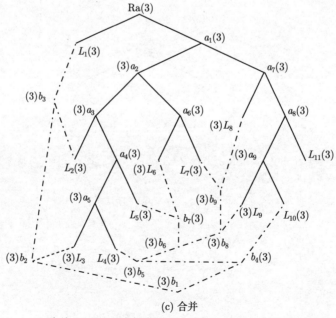

(c) 合并

合并 (b) 的 3 组实例, 添加一个节点 b_1, 全部节点都可取 3 个值

图 7.3.12

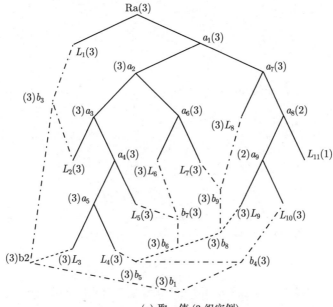

(a) 取一值 (3 组实例)

L_{11} 只取一个值, 使 a_8, a_9 可取值只有 2 个

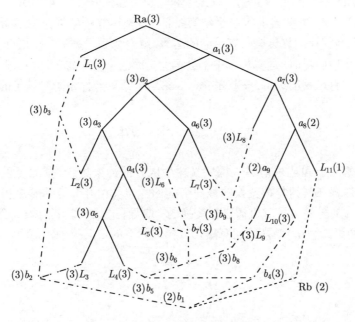

(b) 相加 (3 组实例)

$b_1 + L_{11}$, 和取 2 个值, 相应地 b_1 也取 2 个值

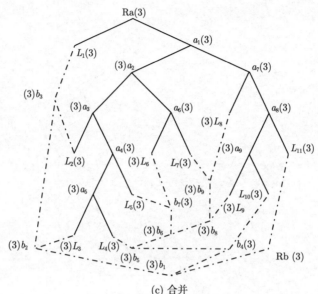

(c) 合并

合并 (b) 的 3 组实例, 添加一个节点 R_b, 全部节点都可取 3 个值

图 7.3.13

　　所以, 对于任意一棵二叉树, 任何一个变换运算都不改变二叉树每个节点可取 **3 个值的性质. 不会产生 0 向量. 只是 "和" 向量部分分量可能为 0.**

　　因此, 第二型 H 变换的第三个结束条件, 变换运算的结果为 0 向量, 是不会出现的, 并且当变换运算集合中有足够的运算, 就会达到只剩下一个层向量的结果. 当只剩下一个层向量时, 运算集合中不会再有两个层向量相加的运算. 所以只要变换运算集合中有足够的运算, 变换的第一、第二个结束条件是同时满足的.

7.4　共　生　树

　　变换运算集合可当成对另一棵二叉树生成时的约束集合. 据此可以构造另一棵二叉树. 这棵二叉树与被变换的最简值树的源二叉树叶节点的顺序相同、数量相等. 这棵二叉树是引导对值树进行变换的 "制导树". 7.3.2 节的第一个例子 (图 7.3.1) 展示的第二型 H 变换的运算集合可构造如下的二叉树 (图 7.4.1).

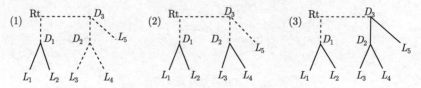

图 7.4.1　H 变换的制导树和制导过程

图 7.4.1 中已实现的 h 变换用实线表示, 还没实现的 h 变换用虚线表示. 变换的每一步运算都是求制导树的一个权节点的可取值向量.

值树的第一型 H 变换的制导树就是被变换的值树的源二叉树本身, 它的变换运算集合就是它的约束集合.

制导树作为一棵二叉树, 对其值树也可进行 H 变换. 变换对象的源二叉树也可作为 H 变换的制导树. 源二叉树与制导树、变换运算集合与约束方程集合是可以相互转换的.

一般地, 叶节点顺序相同、数量相等的完整二叉树的集合, 称为 "共生树" 集合. 集合中被变换值树的源二叉树是第一型 H 变换的制导树, 其他二叉树都可以作为第二型 H 变换的制导树. 叶节点的数量决定共生树集合中二叉树的数量. 图 7.4.2 给出了 2~5 个叶节点二叉树各自的共生树集合.

比较一个共生树集合中各二叉树的约束集合, 不难发现这些二叉树存在一些相同的约束运算. 以四个叶节点共生树集合为例. 图 7.4.2 中给出 6 棵二叉树, 各二叉树的约束集合分列如下:

(1) $L_1 + L_2, L_1 + L_2 + L_3, L_1 + L_2 + L_3 + L_4$;

(2) $L_2 + L_3, L_1 + L_2 + L_3, L_1 + L_2 + L_3 + L_4$;

(3) $L_1 + L_2, L_3 + L_4, L_1 + L_2 + L_3 + L_4$;

(4) $L_2 + L_3, L_2 + L_3 + L_4, L_1 + L_2 + L_3 + L_4$;

(5) $L_3 + L_4, L_2 + L_3 + L_4, L_1 + L_2 + L_3 + L_4$;

(6) $L_1 + L_2, L_3 + L_4, L_1 + L_2 + L_3 + L_4$.

Rt $= L_1 + L_2 + L_3 + L_4$ 是所有共生树共有的运算. 此外, 运算集合

1 和 2 之间有相同的运算 $L_1 + L_2 + L_3$;

1 和 3 之间有相同的运算 $L_1 + L_2$;

2 和 4 之间有相同的运算 $L_2 + L_3$;

3 和 5 之间有相同的运算 $L_3 + L_4$;

4 和 5 之间有相同的运算 $L_2 + L_3 + L_4$;

3 和 6 之间全部运算都是相同的.

两棵二叉树全部运算都是相同应当删除其中一棵. 图 7.4.2 中有底色的图是应当删除的.

若两棵二叉树是相同的, 则它们有相同的约束集合. 反之, 若两棵二叉树有相同的约束集合, 则这两棵二叉树是相同的. 有些共生树之间, 除了 Rt 之外, 没有相同的约束方程. 如四节点共生树集合中的 1 和 4, 1 和 5, 2 和 3, 2 和 5, 3 和 4. 称没有相同约束运算的两棵共生树是互质的.

在一棵 n 个叶节点的二叉树上, 任一个叶节点连接上一个末梢子树, 就成了一棵 $n + 1$ 个节点的二叉树. 如此穷尽有 n 个叶节点的所有二叉树的所有叶节点, 得

到一个 $n+1$ 个叶节点二叉树集合. 除去其中重复的, 就是 $n+1$ 个叶节点共生树的集合. 若不除去重复的二叉树, n 个叶节点共生二叉树有 $(n-1)!$ 棵. 当 n 个叶节点的共生树集合 TC_n 已存在, 可以用如下算法得到 $n+1$ 个叶节点的共生树集合 TC_{n+1}:

对 TC_n 中的每棵二叉树 $T_i(i=1,2,\cdots)$

对 T_i 的每个叶节点 $N_j(j=1,2,\cdots,n)$,

把 N_j 当作桩节点, 嫁接上一棵末梢子树. 得到一棵 $n+1$ 个叶节点的二叉树 T_{ij}.

比较 T_{ij} 和 TC_{n+1} 中的所有二叉树,

若 TC_{n+1} 中没有与 T_{ij} 相同的二叉树, 则把 T_{ij} 加入集合 TC_{n+1}.

从共生树的角度对第二型 H 变换的结束条件可以有更简洁的证明.

根据 4.3 节的结果 (5), 二叉树的所有节点都可取 3 个值. 在作为 "制导树" 的二叉树上,

当没被消耗的相邻叶节点相加时, 这两个叶节点与其 "和" 节点构成一个基本模块, "和" 节点是父节点. 这两个叶节点都已取 3 个值, 根据 4.2 节的模式 (8), 则其 "和" 节点也可取 3 个值. "和" 不会是 0 向量. 这个 "和" 节点是制导树的一个权节点.

当没被消耗的制导树的已取值的权节点与相邻叶节点相加时, 该权节点、该叶节点与它们的 "和" 节点构成一个基本模块. 该权节点、该叶节点都已取 3 个值, 根据 4.2 节的模式 (8), 则其 "和" 节点也可取 3 个值. "和" 不会是 0 向量. 这个 "和" 节点是制导树的新取值的一个权节点.

当两个没被消耗的相邻的已取值的权节点相加时, 这两个权节点与它们的 "和" 节点构成一个基本模块. 这两个权节点都已取 3 个值, 根据 4.2 节的模式 (8), 则其 "和" 节点也可取 3 个值. "和" 不会是 0 向量. 这个 "和" 节点是制导树的新取值的又一个权节点.

二叉树的第二型 H 变换运算只有上述三种: 制导树上没被消耗的叶节点相加、没被消耗的权节点与叶节点相加、没被消耗的两个权节点相加. 所以, 二叉树的第二型 H 变换运算的结果不会是 0 向量.

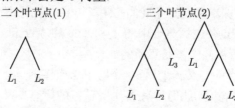

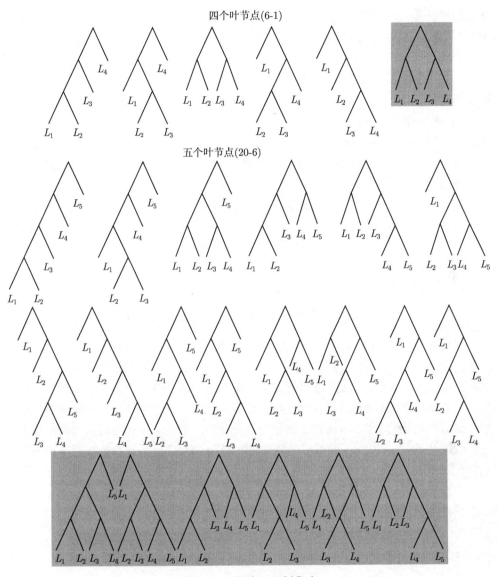

图 7.4.2 共生二叉树集合

7.5 值树的剪枝

值树的剪枝与值树的第二型 H 变换类似, 都需要一个运算集合 D, 其中的运算是两个相邻的叶节点层向量相加. 所不同的是剪枝不再删除及替换参与运算的层向量, 而把运算结果附加到维数大的层向量值节点的延长枝上, 并删除运算结果向量的 0 分量所涉及的值树子树. 这时, 附加的运算结果成为一个新的叶节点层向量. 剪枝不会产生相同的解向量.

定义 7.3　cut(Tv,d) 剪枝一次. 其中 Tv 是一棵值树, 亦可是最简值树. d 是求 Tv 中两个相邻叶节点层向量 V_1, V_2 的和运算. cut 剪枝结果是一个新的值树或最简值树.

cut 的操作步骤是:

(1) 计算 d: $V_1 + V_2 = a$;

(2) 把计算结果 a 附加到 V_1 和 V_2 中维数大的层向量的相应值节点延长枝上;

(3) 删除计算结果 a 中 0 分量所涉及的子树, a 成为新的叶节点层向量;

定义 7.4　CUT(Tv,D) 多次剪枝. CUT(Tv,D)=cut($\cdots$ (cut(cut(T_v, d_1), d_2), $\cdots$), d_n). 其中 $d_1, \cdots, d_i, \cdots, d_n \in D, n$ 等于值树 Tv 的阶数, D 是剪枝的运算集合. D 中方程的顺序以可能运算者为先, 多可能者同时存在时, 其次序随意, 一般按叶节点的顺序.

剪枝的结束条件与二型 H 变换的结束条件相同:

剪枝运算集合 D 中的运算全部遍历.

剪枝运算集合和变换运算集合是相同的, 都是对应的共生树的约束方程集合. 因此剪枝运算的结果向量中都包含 3 个不同值的分量, 不可能有某个剪枝运算的结果是 0 向量. 所以剪枝后, 被剪值树至少剩下 3 个枝. 由于解向量的成对出现性质, 2~子树上剩下枝的对称反值枝也应该剩下. 若 1~子树和 3~子树剩下的值枝是互为对称反值的, 那么剪枝剩下的枝至少应该有 4 枝. 这样剪枝后的值树层向量中值数就会是 $[x_t = 2, x = 1]$. 这与 "层向量中值数相等" 矛盾. 故剪枝后至少剩下 6 个值枝.

右增长型单枝树的值树 TV 上进行的剪枝(图 7.5.1).

剪枝运算集合 D:

(1) d_1: $a_1 = L_1 + L_2$;

(2) d_2: $a_2 = a_1 + L_3$;

(3) d_3: $a_3 = a_2 + L_4$;

(4) d_4: $a_4 = a_3 + L_5$.

图 7.5.1(a) 展示对值树 TV 进行第一次剪枝 cut 的运算 $a_1 = L_1 + L_2$. 计算结果放置在层向量 L_2 的延长枝上, a_1 的分量中有半数 (6 个) 为 0. 这个剪枝运算不包括在约束集合中.

图 7.5.1(b) 展示删除含有 0 分量的子树后的结果.

图 7.5.1(c) 展示对值树 TV 进行第二次剪枝 cut 的运算 $a_2 = a_1 + L_3 = L_1 + L_2 + L_3$. 计算结果放置在层向量 L_3 的延长枝上, a_2 的分量中有半数 (6 个) 为 0.

这个剪枝运算不包括在约束集合中.

图 7.5.1(d) 展示删除含有 0 分量的子树后的结果.

图 7.5.1(e) 展示对值树 TV 进行第三次剪枝 cut 的运算 $a_3 = a_2 + L_4 = L_1 + L_2 + L_3 + L_4$. 计算结果放置在层向量 L_4 的延长枝上, a_3 的分量中有半数 (6 个) 为 0. 这个剪枝运算不包括在约束集合中.

图 7.5.1(f) 展示删除含有 0 分量的子树后的结果.

图 7.5.1(g) 展示对值树 TV 进行第四次剪枝 cut 的运算 $a_4 = a_3 + L_5 = a_3 + L_5 = L_1 + L_2 + L_3 + L_4 + L_5$. a_4 没有 0 分量, 因为 $a_4 = L_1 + L_2 + L_3 + L_4 + L_5 = \mathrm{Rt} \neq 0$. 这个剪枝运算包括在约束集合中.

至此, D 中的运算全部使用过了. 剪枝结束. 值树 TV 还剩下 6 个枝.

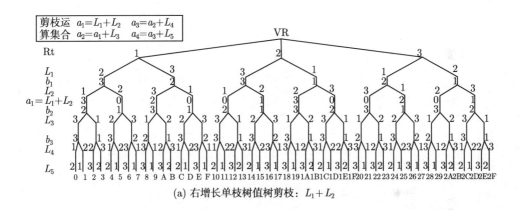

(a) 右增长单枝树值树剪枝: $L_1 + L_2$

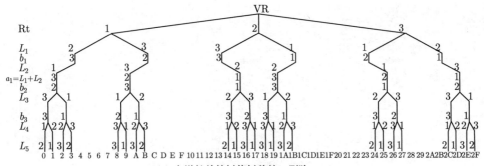

(b) 右增长单枝树值树剪枝: 删除

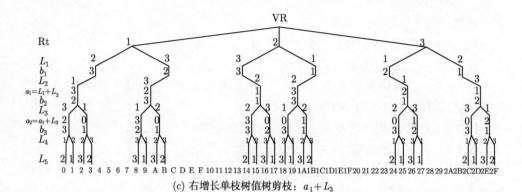

(c) 右增长单枝树值树剪枝：a_1+L_3

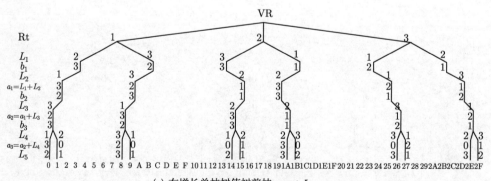

(d) 右增长单枝树值树剪枝：删除

(e) 右增长单枝树值树剪枝：a_2+L_4

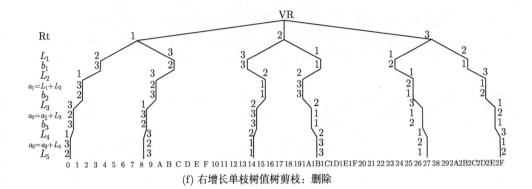

(f) 右增长单枝树值树剪枝：删除

(g) 右增长单枝树值树剪枝：$a_3 + L_5$

图 7.5.1

五叶多枝树的值树 TV 上进行的剪枝(图 7.5.2).

剪枝的运算集合 D：

(1) d_1：$b_1 = L_2 + L_3$;

(2) d_2：$b_2 = b_1 + L_4$;

(3) d_3：$b_3 = b_2 + L_5$;

(4) d_4：$b_4 = b_3 + L_1$.

图 7.5.2(a) 展示对值树 TV 进行第一次剪枝 cut 的运算 $b_1 = L_2 + L_3$. 计算结果放置在层向量 L_3 的延长枝上, b_1 的分量共有 24 个, 其中 6 个为 0. 这个 cut 剪枝运算不包括在约束集合中.

图 7.5.2(b) 展示删除含有 0 分量的子树后的结果.

图 7.5.2(c) 展示对值树 TV 进行第二次剪枝 cut 的运算 $b_2 = b_1 + L_4 = L_2 + L_3 + L_4$. 计算结果放置在层向量 L_4 的延长枝上, b_2 的分量共有 36 个, 其中 6 个为 0. 这个 cut 剪枝运算不包括在约束集合中.

图 7.5.2(d) 展示删除含有 0 分量的子树后的结果.

图 7.5.2(e) 展示对值树 TV 进行第三次剪枝 cut 的运算 $b_3 = b_2 + L_5 = L_2 + L_3 + L_4 + L_5$. 计算结果放置在层向量 L_5 的延长枝上, b_3 的分量共有 30 个, 其中 24 个为 0. 这个 cut 剪枝运算不包括在约束集合中.

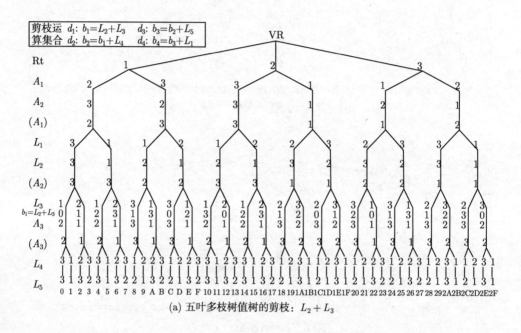

(a) 五叶多枝树值树的剪枝: $L_2 + L_3$

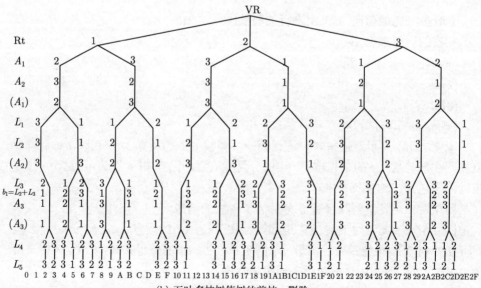

(b) 五叶多枝树值树的剪枝: 删除

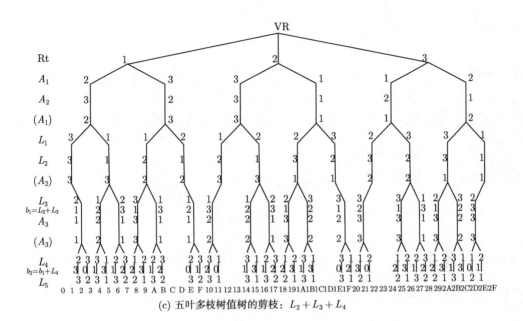

(c) 五叶多枝树值树的剪枝：$L_2 + L_3 + L_4$

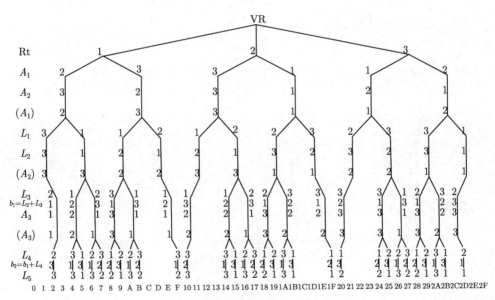

(d) 五叶多枝树值树的剪枝：删除

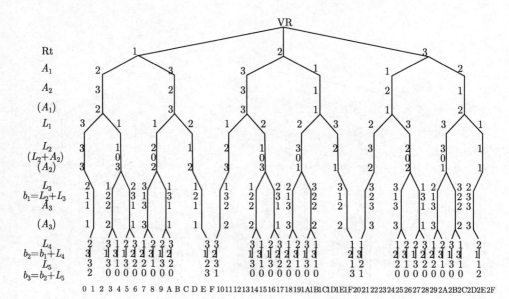

(e) 五叶多枝树值树的剪枝：$L_2 + L_3 + L_4 + L_5$

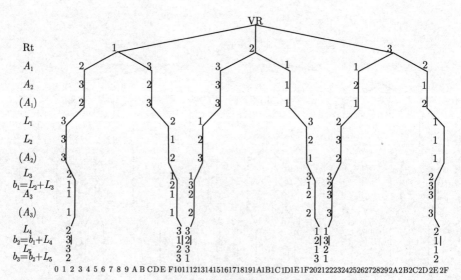

(f) 五叶多枝树值树的剪枝：删除

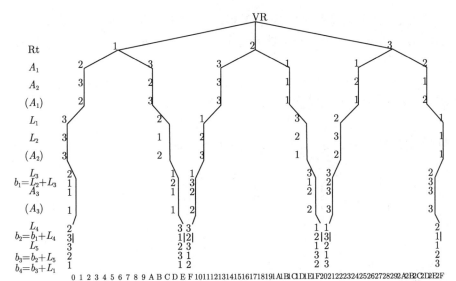

(g) 五叶多枝树值树的剪枝: $L_1 + L_2 + L_3 + L_4 + L_5$

图 7.5.2

图 7.5.2(f) 展示删除含有 0 分量的子树后的结果.

图 7.5.2(g) 展示对值树 TV 进行第四次剪枝 cut 的运算 $b_4 = b_3 + L_1 = L_1 + L_2 + L_3 + L_4 + L_5 =$ Rt. 计算结果放置在层向量 b_3 的延长枝上, b_4 没有 0 分量. 这个 cut 剪枝运算包括在约束集合中.

至此, D 中的运算全部使用了. CUT 剪枝结束. 值树 TV 还剩下 6 个枝.

五叶多枝树的值树 TV 上进行的另一个剪枝 (图 7.5.3).

剪枝的运算集合 D:

(1) $d_1: b_1 = L_2 + L_3$

(2) $d_2: b_2 = b_1 + L_4$

(3) $d_3: b_3 = b_2 + L_1$

(4) $d_4: b_4 = b_3 + L_5$

两批剪枝的第一次、第二次剪枝 cut 运算 d_1 与 d_2 是完全相同的.

因此展示对值树 TV 进行第一次和第二次 cut 剪枝运算和删除含有 0 分量子树的图. 与图 7.5.2(a)~(d) 完全相同, 故不再画出.

第三次 cut 剪枝运算 d_3 使两个 CUT 剪枝出现差异.

图 7.5.3(e) 展示对值树 TV 进行第三次 cut 剪枝的运算 $b_3 = b_2 + L_1 = L_1 + L_2 + L_3 + L_4$. 计算结果放置在层向量 b_2 的延长枝上, b_3 的分量共有 30 个其中 6 个为 0. 这个 cut 剪枝运算不包括在约束集合中.

图 7.5.3(f) 展示删除含有 0 分量的子树后的结果.

图 7.5.3(g) 展示对值树 TV 进行第四次 cut 剪枝的运算 $b_4 = b_3 + L_5 = L_1 + L_2 + L_3 + L_4 + L_5 = \mathrm{Rt}$. 计算结果放置在层向量 b_3 的延长枝上, b_4 没有 0 分量. 这个 cut 剪枝运算包括在约束集合中.

至此, D 中的运算全部使用了. CUT 剪枝结束. 值树 TV 还剩下 24 个枝.

图 7.5.3(a)~ 图 7.5.3(d) 同图 7.5.2(a)~ 图 7.5.2(d)

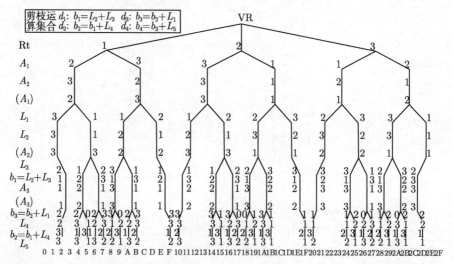

(e) 五叶多枝树值树的剪枝：$L_1 + L_2 + L_3 + L_4 + L_5$

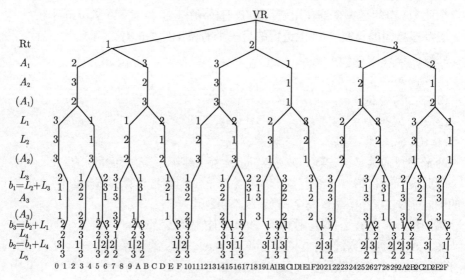

(f) 五叶多枝树值树的剪枝：删除

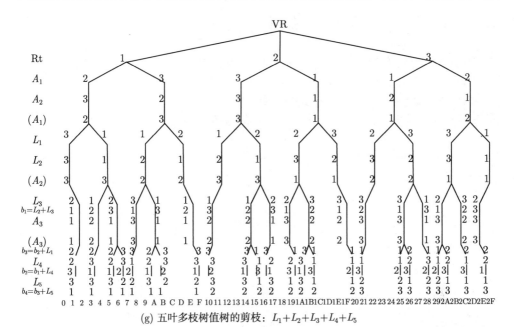

(g) 五叶多枝树值树的剪枝: $L_1+L_2+L_3+L_4+L_5$

图 7.5.3

　　剪枝实际上是求共生的两棵完整二叉树的两个约束方程组的共同解. 由 H 变换的约束条件, 可知剪枝的运算不会产生零向量, 因而可以穷尽剪枝运算集合中的所有运算, 得到共生的两棵完整二叉树约束方程组的共同解.

参 考 文 献

[1] 四色定理与平面图着色算法. 侯业勤. 2014 年, 待发表
[2] 图论. 哈拉里 F. 1980. 李慰萱, 译. 上海: 上海科学技术出版社
[3] 图论. 王朝瑞. 1985. 北京: 国防工业出版社
[4] 图论与算法. 刘彦佩. 1979 年 8 月中国科学研究生院讲义

附　　录

二叉树 A 的值树的 2～子树及解向量表 1

Ra	L_1	a_1	a_2	a_7	a_3	a_6	L_2	a_4	a_5	L_5	L_3	L_4	L_6	L_7	L_8	a_8	a_9	L_{11}	L_9	L_{10}
2	3	3	1	2	2	3	3	3	1	2	2	3	1	2	3	3	1	2	2	3
2	3	3	1	2	2	3	3	3	1	2	2	3	1	2	3	3	1	2	3	2
2	3	3	1	2	2	3	3	3	1	2	2	3	1	2	3	3	2	1	3	3
2	3	3	1	2	2	3	3	3	1	2	2	3	1	2	3	3	2	1	1	1
2	3	3	1	2	2	3	3	3	1	2	2	3	1	2	1	1	2	3	3	3
2	3	3	1	2	2	3	3	3	1	2	2	3	1	2	1	1	2	3	1	1
2	3	3	1	2	2	3	3	3	1	2	2	3	1	2	1	1	3	2	1	2
2	3	3	1	2	2	3	3	3	1	2	2	3	1	2				3	2	1
2	3	3	1	2	2	3	3	3	1	2	2	3	2	1	3	3	1	2	2	3
2	3	3	1	2	2	3	3	3	1	2	2	3	2	1	3	3	1	2	3	2
2	3	3	1	2	2	3	3	3	1	2	2	3	2	1	3	3	2	1	3	3
2	3	3	1	2	2	3	3	3	1	2	2	3	2	1	3	3	2	1	1	1
2	3	3	1	2	2	3	3	3	1	2	2	3	2	1	1	1	2	3	3	3
2	3	3	1	2	2	3	3	3	1	2	2	3	2	1	1	1	2	3	1	1
2	3	3	1	2	2	3	3	3	1	2	2	3	2	1	1	1	3	2	1	2
2	3	3	1	2	2	3	3	3	1	2	2	3	2	1	1	1	3	2	2	1
2	3	3	1	2	2	3	3	3	1	2	3	2	1	2	3	3	1	2	2	3
2	3	3	1	2	2	3	3	3	1	2	3	2	1	2	3	3	1	2	3	2
2	3	3	1	2	2	3	3	3	1	2	3	2	1	2	3	3	2	1	3	3
2	3	3	1	2	2	3	3	3	1	2	3	2	1	2	3	3	2	1	1	1
2	3	3	1	2	2	3	3	3	1	2	3	2	1	2	1	1	2	3	3	3
2	3	3	1	2	2	3	3	3	1	2	3	2	1	2	1	1	2	3	1	1
2	3	3	1	2	2	3	3	3	1	2	3	2	1	2	1	1	3	2	1	2
2	3	3	1	2	2	3	3	3	1	2	3	2	1	2	1	1	3	2	2	1
2	3	3	1	2	2	3	3	3	1	2	3	2	2	1	3	3	1	2	2	3
2	3	3	1	2	2	3	3	3	1	2	3	2	2	1	3	3	1	2	3	2
2	3	3	1	2	2	3	3	3	1	2	3	2	2	1	3	3	2	1	3	3
2	3	3	1	2	2	3	3	3	1	2	3	2	2	1	3	3	2	1	1	1
2	3	3	1	2	2	3	3	3	1	2	3	2	2	1	1	1	2	3	3	3
2	3	3	1	2	2	3	3	3	1	2	3	2	2	1	1	1	2	3	1	1
2	3	3	1	2	2	3	3	3	1	2	3	2	2	1	1	1	3	2	1	2
2	3	3	1	2	2	3	3	3	1	2	3	2	2	1	1	1	3	2	2	1
2	3	3	1	2	2	3	3	3	2	1	3	3	1	2	3	3	1	2	2	3
2	3	3	1	2	2	3	3	3	2	1	3	3	1	2	3	3	1	2	3	2
2	3	3	1	2	2	3	3	3	2	1	3	3	1	2	3	3	2	1	3	3
2	3	3	1	2	2	3	3	3	2	1	3	3	1	2	3	3	2	1	1	1
2	3	3	1	2	2	3	3	3	2	1	3	3	1	2	1	1	2	3	3	3
2	3	3	1	2	2	3	3	3	2	1	3	3	1	2	1	1	2	3	1	1
2	3	3	1	2	2	3	3	3	2	1	3	3	1	2	1	1	3	2	1	2
2	3	3	1	2	2	3	3	3	2	1	3	3	2	1	3	3	1	2	2	3
2	3	3	1	2	2	3	3	3	2	1	3	3	2	1	3	3	1	2	3	2
2	3	3	1	2	2	3	3	3	2	1	3	3	2	1	3	3	2	1	3	3
2	3	3	1	2	2	3	3	3	2	1	3	3	2	1	3	3	2	1	1	1
2	3	3	1	2	2	3	3	3	2	1	3	3	2	1	1	1	2	3	3	3
2	3	3	1	2	2	3	3	3	2	1	3	3	2	1	1	1	2	3	1	1
2	3	3	1	2	2	3	3	3	2	1	3	3	2	1	1	1	3	2	1	2
2	3	3	1	2	2	3	3	3	2	1	3	3	2	1	1	1	3	2	2	1

二叉树 A 的值树的 $2\sim$ 子树及解向量表 2

																			解向量
2	3	3	1	2	2	3	3	3	2	1	1	1	1	2	3	3	1	2	2-3
2	3	3	1	2	2	3	3	3	2	1	1	1	1	2	3	3	1	2	3-2
2	3	3	1	2	2	3	3	3	2	1	1	1	1	2	3	3	2	1	3-3
2	3	3	1	2	2	3	3	3	2	1	1	1	1	2	3	3	2	1	1-1
2	3	3	1	2	2	3	3	3	2	1	1	1	1	2	1	1	2	3	3-3
2	3	3	1	2	2	3	3	3	2	1	1	1	1	2	1	1	2	3	1-1
2	3	3	1	2	2	3	3	3	2	1	1	1	1	2	1	1	3	2	1-2
2	3	3	1	2	2	3	3	3	2	1	1	1	1	2	1	1	3	2	2-1
2	3	3	1	2	2	3	3	3	2	1	1	1	2	1	3	3	1	2	2-3
2	3	3	1	2	2	3	3	3	2	1	1	1	2	1	3	3	1	2	3-2
2	3	3	1	2	2	3	3	3	2	1	1	1	2	1	3	3	2	1	3-3
2	3	3	1	2	2	3	3	3	2	1	1	1	2	1	3	3	2	1	1-1
2	3	3	1	2	2	3	3	3	2	1	1	1	2	1	1	2	3	3	3-3
2	3	3	1	2	2	3	3	3	2	1	1	1	2	1	1	2	3	3	1-1
2	3	3	1	2	2	3	3	3	2	1	1	1	2	1	1	3	2	3	1-2
2	3	3	1	2	2	3	3	3	2	1	1	1	2	1	1	3	2	3	2-1
2	3	3	1	2	2	3	1	1	2	3	3	3	1	2	3	3	1	2	2-3
2	3	3	1	2	2	3	1	1	2	3	3	3	1	2	3	3	1	2	3-2
2	3	3	1	2	2	3	1	1	2	3	3	3	1	2	3	3	2	1	3-3
2	3	3	1	2	2	3	1	1	2	3	3	3	1	2	3	3	2	1	1-1
2	3	3	1	2	2	3	1	1	2	3	3	3	1	2	1	1	2	3	3-3
2	3	3	1	2	2	3	1	1	2	3	3	3	1	2	1	1	2	3	1-1
2	3	3	1	2	2	3	1	1	2	3	3	3	1	2	1	1	3	2	1-2
2	3	3	1	2	2	3	1	1	2	3	3	3	1	2	1	1	3	2	2-1
2	3	3	1	2	2	3	1	1	2	3	3	3	2	1	3	3	1	2	2-3
2	3	3	1	2	2	3	1	1	2	3	3	3	2	1	3	3	1	2	3-2
2	3	3	1	2	2	3	1	1	2	3	3	3	2	1	3	3	2	1	3-3
2	3	3	1	2	2	3	1	1	2	3	3	3	2	1	3	3	2	1	1-1
2	3	3	1	2	2	3	1	1	2	3	3	3	2	1	1	1	2	3	3-3
2	3	3	1	2	2	3	1	1	2	3	3	3	2	1	1	1	2	3	1-1
2	3	3	1	2	2	3	1	1	2	3	3	3	2	1	1	1	3	2	1-2
2	3	3	1	2	2	3	1	1	2	3	3	3	2	1	1	1	3	2	2-1
2	3	3	1	2	2	3	1	1	2	3	1	1	1	2	3	3	1	2	2-3
2	3	3	1	2	2	3	1	1	2	3	1	1	1	2	3	3	1	2	3-2
2	3	3	1	2	2	3	1	1	2	3	1	1	1	2	3	3	2	1	3-3
2	3	3	1	2	2	3	1	1	2	3	1	1	1	2	3	3	2	1	1-1
2	3	3	1	2	2	3	1	1	2	3	1	1	1	2	1	1	2	3	3-3
2	3	3	1	2	2	3	1	1	2	3	1	1	1	2	1	1	2	3	1-1
2	3	3	1	2	2	3	1	1	2	3	1	1	2	1	1	3	2	3	1-2
2	3	3	1	2	2	3	1	1	2	3	1	1	2	1	1	3	2	3	2-1
2	3	3	1	2	2	3	1	1	2	3	1	1	2	1	3	3	1	2	2-3
2	3	3	1	2	2	3	1	1	2	3	1	1	2	1	3	3	1	2	3-2
2	3	3	1	2	2	3	1	1	2	3	1	1	2	1	3	3	2	1	3-3
2	3	3	1	2	2	3	1	1	2	3	1	1	2	1	3	3	2	1	1-1
2	3	3	1	2	2	3	1	1	2	3	1	1	2	1	1	1	2	3	3-3
2	3	3	1	2	2	3	1	1	2	3	1	1	2	1	1	1	2	3	1-1
2	3	3	1	2	2	3	1	1	2	3	1	1	2	1	1	1	3	2	1-2
2	3	3	1	2	2	3	1	1	2	3	1	1	2	1	1	1	3	2	2-1
2	3	3	1	2	2	3	1	1	2	3	1	1	2	1	3	3	1	2	2-3
2	3	3	1	2	2	3	1	1	2	3	1	1	2	1	3	3	1	2	3-2
2	3	3	1	2	2	3	1	1	2	3	1	1	2	1	3	3	2	1	3-3
2	3	3	1	2	2	3	1	1	2	3	1	1	2	1	3	3	2	1	1-1
2	3	3	1	2	2	3	1	1	2	3	1	1	2	1	1	2	3	3	3-3
2	3	3	1	2	2	3	1	1	2	3	1	1	2	1	1	2	3	3	1-1
2	3	3	1	2	2	3	1	1	2	3	1	1	2	1	1	3	2	3	1-2
2	3	3	1	2	2	3	1	1	2	3	1	1	2	1	1	3	2	1	2-1

二叉树*A*的值树的2～子树及解向量表3

```
2 3 3 1 2 | 2 3 ⌐1 1⌐ 3 2 1 2 1 2 3 3 1 2 ⌐2 ⌐3
2 3 3 1 2 | 2 3  1 1  3 2 1 2 1 2 3 3 ⌐1 2⌐3 ⌐2
2 3 3 1 2 | 2 3  1 1  3 2 1 2 1 2⌐3 3  2 1⌐3 ⌐3
2 3 3 1 2 | 2 3  1 1  3 2 1 2 1 2 3 3  2 1⌐1 ⌐1
2 3 3 1 2 | 2 3  1 1  3 2 1 2⌐1 2  1 1  2 3⌐3 ⌐3
2 3 3 1 2 | 2 3  1 1  3 2 1 2 1 2  1 1  2 3⌐1 ⌐1
2 3 3 1 2 | 2 3  1 1  3 2 1 2 1 2⌐1 1  3 2⌐1 ⌐2
2 3 3 1 2 | 2 3  1 1  3 2 1 2 1 2 1 1  3 2⌐2 ⌐1
2 3 3 1 2 | 2 3  1 1  3 2⌐1 2  2 1 3 3  1 2⌐2 ⌐3
2 3 3 1 2 | 2 3  1 1  3 2 1 2  2 1 3 3 ⌐1 2⌐3 ⌐2
2 3 3 1 2 | 2 3  1 1  3 2 1 2  2 1⌐3 3  2 1⌐3 ⌐3
2 3 3 1 2 | 2 3  1 1  3 2 1 2  2 1 3 3  2 1⌐1 ⌐1
2 3 3 1 2 | 2 3  1 1  3 2 1 2⌐2 1  1 1  2 3⌐3 ⌐3
2 3 3 1 2 | 2 3  1 1  3 2 1 2  2 1  1 1  2 3⌐1 ⌐1
2 3 3 1 2 | 2 3  1 1  3 2 1 2  2 1⌐1 1  3 2⌐1 ⌐2
2 3 3 1 2 | 2 3  1 1  3 2 1 2  2 1 1 1  3 2⌐2 ⌐1
2 3 3 1 2 | 2 3 1 1⌐3 2  2 1 1 2 3 3  1 2⌐2 ⌐3
2 3 3 1 2 | 2 3 1 1  3 2  2 1 1 2 3 3 ⌐1 2⌐3 ⌐2
2 3 3 1 2 | 2 3 1 1  3 2  2 1 1 2⌐3 3  2 1⌐3 ⌐3
2 3 3 1 2 | 2 3 1 1  3 2  2 1 1 2 3 3  2 1⌐1 ⌐1
2 3 3 1 2 | 2 3 1 1  3 2  2 1⌐1 2  1 1  2 3⌐3 ⌐3
2 3 3 1 2 | 2 3 1 1  3 2  2 1 1 2  1 1  2 3⌐1 ⌐1
2 3 3 1 2 | 2 3 1 1  3 2  2 1 1 2⌐1 1  3 2⌐1 ⌐2
2 3 3 1 2 | 2 3 1 1  3 2  2 1 1 2 1 1  3 2⌐2 ⌐1
2 3 3 1 2 | 2 3 1 1  3 2 2 1⌐2 1 3 3  1 2⌐2 ⌐3
2 3 3 1 2 | 2 3 1 1  3 2 2 1  2 1 3 3 ⌐1 2⌐3 ⌐2
2 3 3 1 2 | 2 3 1 1  3 2 2 1  2 1⌐3 3  2 1⌐3 ⌐3
2 3 3 1 2 | 2 3 1 1  3 2 2 1  2 1 3 3  2 1⌐1 ⌐1
2 3 3 1 2 | 2 3 1 1  3 2 2 1⌐2 1  1 1  2 3⌐3 ⌐3
2 3 3 1 2 | 2 3 1 1  3 2 2 1  2 1  1 1  2 3⌐1 ⌐1
2 3 3 1 2 | 2 3 1 1  3 2 2 1  2 1⌐1 1  3 2⌐1 ⌐2
2 3 3 1 2 | 2 3 1 1  3 2 2 1  2 1 1 1  3 2⌐2 ⌐1
2 3 3 ⌐1 2 3 2 1 2 3 3 1 2 3 3 3 3  1 2⌐2 ⌐3
2 3 3  1 2 3 2 1 2 3 3 1 2 3 3 3 3 ⌐1 2⌐3 ⌐2
2 3 3  1 2 3 2 1 2 3 3 1 2 3 3⌐3 3  2 1⌐3 ⌐3
2 3 3  1 2 3 2 1 2 3 3 1 2 3 3 3 3  2 1⌐1 ⌐1
2 3 3  1 2 3 2 1 2 3 3 1 2⌐3 3  1 1  2 3⌐3 ⌐3
2 3 3  1 2 3 2 1 2 3 3 1 2 3 3  1 1  2 3⌐1 ⌐1
2 3 3  1 2 3 2 1 2 3 3 1 2 3 3⌐1 1  3 2⌐1 ⌐2
2 3 3  1 2 3 2 1 2 3 3 1 2 3 3 1 1  3 2⌐2 ⌐1
2 3 3  1 2 3 2 1 2 3 3⌐1 2 1 1 3 3  1 2⌐2 ⌐3
2 3 3  1 2 3 2 1 2 3 3 1 2 1 1 3 3 ⌐1 2⌐3 ⌐2
2 3 3  1 2 3 2 1 2 3 3 1 2 1 1⌐3 3  2 1⌐3 ⌐3
2 3 3  1 2 3 2 1 2 3 3 1 2 1 1 3 3  2 1⌐1 ⌐1
2 3 3  1 2 3 2 1 2 3 3 1 2⌐1 1  1 1  2 3⌐3 ⌐3
2 3 3  1 2 3 2 1 2 3 3 1 2 1 1  1 1  2 3⌐1 ⌐1
2 3 3  1 2 3 2 1 2 3 3 1 2 1 1⌐1 1  3 2⌐1 ⌐2
2 3 3  1 2 3 2 1 2 3 3 1 2 1 1 1 1  3 2⌐2 ⌐1
```

二叉树A的值树的2～子树及解向量表4

																		解向量
2	3	3	1	2	3	2	1	2	3	3	2	1	3	3	3	3	1	2	2—3
2	3	3	1	2	3	2	1	2	3	3	2	1	3	3	3	3	1	2	3—2
2	3	3	1	2	3	2	1	2	3	3	2	1	3	3	3	3	2	1	3—3
2	3	3	1	2	3	2	1	2	3	3	2	1	3	3	3	3	2	1	1—1
2	3	3	1	2	3	2	1	2	3	3	2	1	3	3	1	1	2	3	3—3
2	3	3	1	2	3	2	1	2	3	3	2	1	3	3	1	1	2	3	1—1
2	3	3	1	2	3	2	1	2	3	3	2	1	3	3	1	1	3	2	1—2
2	3	3	1	2	3	2	1	2	3	3	2	1	3	3	1	1	3	2	2—1
2	3	3	1	2	3	2	1	2	3	3	2	1	1	1	3	3	1	2	2—3
2	3	3	1	2	3	2	1	2	3	3	2	1	1	1	3	3	1	2	3—2
2	3	3	1	2	3	2	1	2	3	3	2	1	1	1	3	3	2	1	3—3
2	3	3	1	2	3	2	1	2	3	3	2	1	1	1	3	3	2	1	1—1
2	3	3	1	2	3	2	1	2	3	3	2	1	1	1	1	1	2	3	3—3
2	3	3	1	2	3	2	1	2	3	3	2	1	1	1	1	1	2	3	1—1
2	3	3	1	2	3	2	1	2	3	3	2	1	1	1	1	1	3	2	1—2
2	3	3	1	2	3	2	1	2	3	3	2	1	1	1	1	1	3	2	2—1
2	3	3	1	2	3	2	1	2	1	1	2	3	3	3	3	3	1	2	2—3
2	3	3	1	2	3	2	1	2	1	1	2	3	3	3	3	3	1	2	3—2
2	3	3	1	2	3	2	1	2	1	1	2	3	3	3	3	3	2	1	3—3
2	3	3	1	2	3	2	1	2	1	1	2	3	3	3	3	3	2	1	1—1
2	3	3	1	2	3	2	1	2	1	1	2	3	3	3	1	1	2	3	3—3
2	3	3	1	2	3	2	1	2	1	1	2	3	3	3	1	1	2	3	1—1
2	3	3	1	2	3	2	1	2	1	1	2	3	3	3	1	1	3	2	1—2
2	3	3	1	2	3	2	1	2	1	1	2	3	3	3	1	1	3	2	2—1
2	3	3	1	2	3	2	1	2	1	1	2	3	1	1	3	3	1	2	2—3
2	3	3	1	2	3	2	1	2	1	1	2	3	1	1	3	3	1	2	3—2
2	3	3	1	2	3	2	1	2	1	1	2	3	1	1	3	3	2	1	3—3
2	3	3	1	2	3	2	1	2	1	1	2	3	1	1	3	3	2	1	1—1
2	3	3	1	2	3	2	1	2	1	1	2	3	1	1	1	1	2	3	3—3
2	3	3	1	2	3	2	1	2	1	1	2	3	1	1	1	1	2	3	1—1
2	3	3	1	2	3	2	1	2	1	1	2	3	1	1	1	1	3	2	1—2
2	3	3	1	2	3	2	1	2	1	1	2	3	1	1	1	1	3	2	2—1
2	3	3	1	2	3	2	1	2	1	1	3	2	3	3	3	3	1	2	2—3
2	3	3	1	2	3	2	1	2	1	1	3	2	3	3	3	3	1	2	3—2
2	3	3	1	2	3	2	1	2	1	1	3	2	3	3	3	3	2	1	3—3
2	3	3	1	2	3	2	1	2	1	1	3	2	3	3	3	3	2	1	1—1
2	3	3	1	2	3	2	1	2	1	1	3	2	3	3	1	1	2	3	3—3
2	3	3	1	2	3	2	1	2	1	1	3	2	3	3	1	1	2	3	1—1
2	3	3	1	2	3	2	1	2	1	1	3	2	3	3	1	1	3	2	1—2
2	3	3	1	2	3	2	1	2	1	1	3	2	3	3	1	1	3	2	2—1
2	3	3	1	2	3	2	1	2	1	1	3	2	1	1	3	3	1	2	2—3
2	3	3	1	2	3	2	1	2	1	1	3	2	1	1	3	3	1	2	3—2
2	3	3	1	2	3	2	1	2	1	1	3	2	1	1	3	3	2	1	3—3
2	3	3	1	2	3	2	1	2	1	1	3	2	1	1	3	3	2	1	1—1
2	3	3	1	2	3	2	1	2	1	1	3	2	1	1	1	1	2	3	3—3
2	3	3	1	2	3	2	1	2	1	1	3	2	1	1	1	1	2	3	1—1
2	3	3	1	2	3	2	1	2	1	1	3	2	1	1	1	1	3	2	1—2
2	3	3	1	2	3	2	1	2	1	1	3	2	1	1	1	1	3	2	2—1

二叉树A的值树的2～子树及解向量表5

```
2 3 3 | 1 2 3 2 | 2 1 | 2 3 3 3 3 3 3 3 1 2 ┌2-3
2 3 3 | 1 2 3 2 | 2 1 | 2 3 3 3 3 3 3 3 1 2 └3-2
2 3 3 | 1 2 3 2 | 2 1 | 2 3 3 3 3 3 3 2 1   ┌3-3
2 3 3 | 1 2 3 2 | 2 1 | 2 3 3 3 3 3 3 2 1   └1-1
2 3 3 | 1 2 3 2 | 2 1 | 2 3 3 3 3 1 1 2 3   ┌3-3
2 3 3 | 1 2 3 2 | 2 1 | 2 3 3 3 3 1 1 2 3   └1-1
2 3 3 | 1 2 3 2 | 2 1 | 2 3 3 3 3 1 1 3 2   ┌1-2
2 3 3 | 1 2 3 2 | 2 1 | 2 3 3 3 3 1 1 3 2   └2-1
2 3 3 | 1 2 3 2 | 2 1 | 2 3 3 3 1 1 3 3 1 2 ┌2-3
2 3 3 | 1 2 3 2 | 2 1 | 2 3 3 3 1 1 3 3 1 2 └3-2
2 3 3 | 1 2 3 2 | 2 1 | 2 3 3 3 1 1 3 3 2 1 ┌3-3
2 3 3 | 1 2 3 2 | 2 1 | 2 3 3 3 1 1 3 3 2 1 └1-1
2 3 3 | 1 2 3 2 | 2 1 | 2 3 3 3 1 1 1 1 2 3 ┌3-3
2 3 3 | 1 2 3 2 | 2 1 | 2 3 3 3 1 1 1 1 2 3 └1-1
2 3 3 | 1 2 3 2 | 2 1 | 2 3 3 3 1 1 1 1 3 2 ┌1-2
2 3 3 | 1 2 3 2 | 2 1 | 2 3 3 3 1 1 1 1 3 2 └2-1
2 3 3 | 1 2 3 2 | 2 1 | 2 3 1 1 3 3 3 3 1 2 ┌2-3
2 3 3 | 1 2 3 2 | 2 1 | 2 3 1 1 3 3 3 3 1 2 └3-2
2 3 3 | 1 2 3 2 | 2 1 | 2 3 1 1 3 3 3 3 2 1 ┌3-3
2 3 3 | 1 2 3 2 | 2 1 | 2 3 1 1 3 3 3 3 2 1 └1-1
2 3 3 | 1 2 3 2 | 2 1 | 2 3 1 1 3 3 1 1 2 3 ┌3-3
2 3 3 | 1 2 3 2 | 2 1 | 2 3 1 1 3 3 1 1 2 3 └1-1
2 3 3 | 1 2 3 2 | 2 1 | 2 3 1 1 3 3 1 1 3 2 ┌1-2
2 3 3 | 1 2 3 2 | 2 1 | 2 3 1 1 3 3 1 1 3 2 └2-1
2 3 3 | 1 2 3 2 | 2 1 | 2 3 1 1 1 1 3 3 1 2 ┌2-3
2 3 3 | 1 2 3 2 | 2 1 | 2 3 1 1 1 1 3 3 1 2 └3-2
2 3 3 | 1 2 3 2 | 2 1 | 2 3 1 1 1 1 3 3 2 1 ┌3-3
2 3 3 | 1 2 3 2 | 2 1 | 2 3 1 1 1 1 3 3 2 1 └1-1
2 3 3 | 1 2 3 2 | 2 1 | 2 3 1 1 1 1 1 1 2 3 ┌3-3
2 3 3 | 1 2 3 2 | 2 1 | 2 3 1 1 1 1 1 1 2 3 └1-1
2 3 3 | 1 2 3 2 | 2 1 | 2 3 1 1 1 1 1 1 3 2 ┌1-2
2 3 3 | 1 2 3 2 | 2 1 | 2 3 1 1 1 1 1 1 3 2 └2-1
2 3 3 | 1 2 3 2 2 1 | 3 2 | 1 2 3 3 3 3 1 2 ┌2-3
2 3 3 | 1 2 3 2 2 1 | 3 2 | 1 2 3 3 3 3 1 2 └3-2
2 3 3 | 1 2 3 2 2 1 | 3 2 | 1 2 3 3 3 3 2 1 ┌3-3
2 3 3 | 1 2 3 2 2 1 | 3 2 | 1 2 3 3 3 3 2 1 └1-1
2 3 3 | 1 2 3 2 2 1 | 3 2 | 1 2 3 3 1 1 2 3 ┌3-3
2 3 3 | 1 2 3 2 2 1 | 3 2 | 1 2 3 3 1 1 2 3 └1-1
2 3 3 | 1 2 3 2 2 1 | 3 2 | 1 2 3 3 1 1 3 2 ┌1-2
2 3 3 | 1 2 3 2 2 1 | 3 2 | 1 2 3 3 1 1 3 2 └2-1
2 3 3 | 1 2 3 2 2 1 | 3 2 1 2 | 1 1 3 3 1 2 ┌2-3
2 3 3 | 1 2 3 2 2 1 | 3 2 1 2 | 1 1 3 3 1 2 └3-2
2 3 3 | 1 2 3 2 2 1 | 3 2 1 2 | 1 1 3 3 2 1 ┌3-3
2 3 3 | 1 2 3 2 2 1 | 3 2 1 2 | 1 1 3 3 2 1 └1-1
2 3 3 | 1 2 3 2 2 1 | 3 2 1 2 | 1 1 1 1 2 3 ┌3-3
2 3 3 | 1 2 3 2 2 1 | 3 2 1 2 | 1 1 1 1 2 3 └1-1
2 3 3 | 1 2 3 2 2 1 | 3 2 1 2 | 1 1 1 1 3 2 ┌1-2
2 3 3 | 1 2 3 2 2 1 | 3 2 | 1 2 1 1 1 1 3 2 └2-1
```

二叉树 A 的值树的 2~子树及解向量表 6

```
2 3 3 | 1 2 3 2 2 1 3 2   2 1 3 3 3 3 1 2 ┌2-3
2 3 3 | 1 2 3 2 2 1 3 2   2 1 3 3 3 3 1 2 └3-2
2 3 3 | 1 2 3 2 2 1 3 2   1 3 3 3 3 2 1 ┌3-3
2 3 3 | 1 2 3 2 2 1 3 2   1 3 3 3 3 2 1 └1-1
2 3 3 | 1 2 3 2 2 1 3 2   1 3 3 1 1 2 3 ┌3-3
2 3 3 | 1 2 3 2 2 1 3 2   1 3 3 1 1 2 3 └1-1
2 3 3 | 1 2 3 2 2 1 3 2   1 3 3 1 1 3 2 ┌1-2
2 3 3 | 1 2 3 2 2 1 3 2   1 3 3 1 1 3 2 └2-1
2 3 3 | 1 2 3 2 2 1 2 1   1 1 3 3 1 2 ┌2-3
2 3 3 | 1 2 3 2 2 1 2 1   1 1 3 3 1 2 └3-2
2 3 3 | 1 2 3 2 2 1 2 1   1 1 3 3 2 1 ┌3-3
2 3 3 | 1 2 3 2 2 1 2 1   1 1 3 3 2 1 └1-1
2 3 3 | 1 2 3 2 2 1 2 1   1 1 1 1 2 3 ┌3-3
2 3 3 | 1 2 3 2 2 1 2 1   1 1 1 1 2 3 └1-1
2 3 3 | 1 2 3 2 2 1 2 1   1 1 1 1 3 2 ┌1-2
2 3 3 | 1 2 3 2 2 1 2 1   1 1 1 1 3 2 └2-1
2 3 3 | 2 1 3 3 1 2 3 3   1 2 1 2 2 3 1 2 ┌2-3
2 3 3 | 2 1 3 3 1 2 3 3   1 2 1 2 2 3 1 2 └3-2
2 3 3 | 2 1 3 3 1 2 3 3   1 2 1 2 2 3 2 1 ┌3-3
2 3 3 | 2 1 3 3 1 2 3 3   1 2 1 2 2 3 2 1 └1-1
2 3 3 | 2 1 3 3 1 2 3 3   1 2 1 2 3 2 3 3 ┌1-2
2 3 3 | 2 1 3 3 1 2 3 3   1 2 1 2 3 2 3 3 └2-1
2 3 3 | 2 1 3 3 1 2 3 3   1 2 1 2 3 2 1 1 ┌2-3
2 3 3 | 2 1 3 3 1 2 3 3   1 2 1 2 3 2 1 1 └3-2
2 3 3 | 2 1 3 3 1 2 3 3   1 2 2 1 2 3 1 2 ┌2-3
2 3 3 | 2 1 3 3 1 2 3 3   1 2 2 1 2 3 1 2 └3-2
2 3 3 | 2 1 3 3 1 2 3 3   1 2 2 1 2 3 2 1 ┌3-3
2 3 3 | 2 1 3 3 1 2 3 3   1 2 2 1 2 3 2 1 └1-1
2 3 3 | 2 1 3 3 1 2 3 3   1 2 2 1 3 2 3 3 ┌1-2
2 3 3 | 2 1 3 3 1 2 3 3   1 2 2 1 3 2 3 3 └2-1
2 3 3 | 2 1 3 3 1 2 3 3   1 2 2 1 3 2 1 1 ┌2-3
2 3 3 | 2 1 3 3 1 2 3 3   1 2 2 1 3 2 1 1 └3-2
2 3 3 | 2 1 3 3 1 2 3 3   2 1 1 2 2 3 1 2 ┌2-3
2 3 3 | 2 1 3 3 1 2 3 3   2 1 1 2 2 3 1 2 └3-2
2 3 3 | 2 1 3 3 1 2 3 3   2 1 1 2 2 3 2 1 ┌3-3
2 3 3 | 2 1 3 3 1 2 3 3   2 1 1 2 2 3 2 1 └1-1
2 3 3 | 2 1 3 3 1 2 3 3   2 1 1 2 3 2 2 3 ┌1-2
2 3 3 | 2 1 3 3 1 2 3 3   2 1 1 2 3 2 3 3 └2-1
2 3 3 | 2 1 3 3 1 2 3 3   2 1 1 2 3 2 1 1 ┌2-3
2 3 3 | 2 1 3 3 1 2 3 3   2 1 1 2 3 2 1 1 └3-2
2 3 3 | 2 1 3 3 1 2 3 3   2 1 2 1 2 3 1 2 ┌2-3
2 3 3 | 2 1 3 3 1 2 3 3   2 1 2 1 2 3 1 2 └3-2
2 3 3 | 2 1 3 3 1 2 3 3   2 1 2 1 2 3 2 1 ┌3-3
2 3 3 | 2 1 3 3 1 2 3 3   2 1 2 1 2 3 2 1 └1-1
2 3 3 | 2 1 3 3 1 2 3 3   2 1 2 1 3 2 2 3 ┌1-2
2 3 3 | 2 1 3 3 1 2 3 3   2 1 2 1 3 2 3 3 └2-1
2 3 3 | 2 1 3 3 1 2 3 3   2 1 2 1 3 2 1 1 ┌2-3
2 3 3 | 2 1 3 3 1 2 3 3   2 1 2 1 3 2 1 1 └3-2
```

二叉树A的值树的2～子树及解向量表7

																			解向量
2	3	3	2	1	3	3	1	2	1	1	2	3	1	2	2	3	1	2	2-3
2	3	3	2	1	3	3	1	2	1	1	2	3	1	2	2	3	1	2	3-2
2	3	3	2	1	3	3	1	2	1	1	2	3	1	2	2	3	2	1	3-3
2	3	3	2	1	3	3	1	2	1	1	2	3	1	2	2	3	2	1	1-1
2	3	3	2	1	3	3	1	2	1	1	2	3	1	2	3	2	3	3	1-2
2	3	3	2	1	3	3	1	2	1	1	2	3	1	2	3	2	3	3	2-1
2	3	3	2	1	3	3	1	2	1	1	2	3	1	2	3	2	1	1	2-3
2	3	3	2	1	3	3	1	2	1	1	2	3	1	2	3	2	1	1	3-2
2	3	3	2	1	3	3	1	2	1	1	2	3	2	1	2	3	1	2	2-3
2	3	3	2	1	3	3	1	2	1	1	2	3	2	1	2	3	1	2	3-2
2	3	3	2	1	3	3	1	2	1	1	2	3	2	1	2	3	2	1	3-3
2	3	3	2	1	3	3	1	2	1	1	2	3	2	1	2	3	2	1	1-1
2	3	3	2	1	3	3	1	2	1	1	2	3	2	1	3	2	3	3	1-2
2	3	3	2	1	3	3	1	2	1	1	2	3	2	1	3	2	3	3	2-1
2	3	3	2	1	3	3	1	2	1	1	2	3	2	1	3	2	1	1	2-3
2	3	3	2	1	3	3	1	2	1	1	2	3	2	1	3	2	1	1	3-2
2	3	3	2	1	3	3	1	2	1	1	3	2	1	2	2	3	1	2	2-3
2	3	3	2	1	3	3	1	2	1	1	3	2	1	2	2	3	1	2	3-2
2	3	3	2	1	3	3	1	2	1	1	3	2	1	2	2	3	2	1	3-3
2	3	3	2	1	3	3	1	2	1	1	3	2	1	2	2	3	2	1	1-1
2	3	3	2	1	3	3	1	2	1	1	3	2	1	2	3	2	3	3	1-2
2	3	3	2	1	3	3	1	2	1	1	3	2	1	2	3	2	3	3	2-1
2	3	3	2	1	3	3	1	2	1	1	3	2	1	2	3	2	1	1	2-3
2	3	3	2	1	3	3	1	2	1	1	3	2	1	2	3	2	1	1	3-2
2	3	3	2	1	3	3	1	2	1	1	3	2	2	1	2	3	1	2	2-3
2	3	3	2	1	3	3	1	2	1	1	3	2	2	1	2	3	1	2	3-2
2	3	3	2	1	3	3	1	2	1	1	3	2	2	1	2	3	2	1	3-3
2	3	3	2	1	3	3	1	2	1	1	3	2	2	1	2	3	2	1	1-1
2	3	3	2	1	3	3	1	2	1	1	3	2	2	1	3	2	3	3	1-2
2	3	3	2	1	3	3	1	2	1	1	3	2	2	1	3	2	3	3	2-1
2	3	3	2	1	3	3	1	2	1	1	3	2	2	1	3	2	1	1	2-3
2	3	3	2	1	3	3	1	2	1	1	3	2	2	1	3	2	1	1	3-2
2	3	3	2	1	3	3	2	1	2	3	3	3	1	2	2	3	1	2	2-3
2	3	3	2	1	3	3	2	1	2	3	3	3	1	2	2	3	1	2	3-2
2	3	3	2	1	3	3	2	1	2	3	3	3	1	2	2	3	2	1	3-3
2	3	3	2	1	3	3	2	1	2	3	3	3	1	2	2	3	2	1	1-1
2	3	3	2	1	3	3	2	1	2	3	3	3	1	2	3	2	3	3	1-2
2	3	3	2	1	3	3	2	1	2	3	3	3	1	2	3	2	3	3	2-1
2	3	3	2	1	3	3	2	1	2	3	3	3	1	2	3	2	1	1	2-3
2	3	3	2	1	3	3	2	1	2	3	3	3	1	2	3	2	1	1	3-2
2	3	3	2	1	3	3	2	1	2	3	3	3	2	1	2	3	1	2	2-3
2	3	3	2	1	3	3	2	1	2	3	3	3	2	1	2	3	1	2	3-2
2	3	3	2	1	3	3	2	1	2	3	3	3	2	1	2	3	2	1	3-3
2	3	3	2	1	3	3	2	1	2	3	3	3	2	1	2	3	2	1	1-1
2	3	3	2	1	3	3	2	1	2	3	3	3	2	1	3	2	3	3	1-2
2	3	3	2	1	3	3	2	1	2	3	3	3	2	1	3	2	3	3	2-1
2	3	3	2	1	3	3	2	1	2	3	3	3	2	1	3	2	1	1	2-3
2	3	3	2	1	3	3	2	1	2	3	3	3	2	1	3	2	1	1	3-2

二叉树A的值树的2～子树及解向量表8

```
2 3 3 | 2 1 | 3 3 | 2 1 | 2 3 | 1 1 1 | 1 2 | 2 3 | 1 2 ┌2-3
2 3 3 | 2 1 | 3 3 | 2 1 | 2 3 | 1 1 1 | 1 2 | 2 3 | 1 2 └3-2
2 3 3 | 2 1 | 3 3 | 2 1 | 2 3 | 1 1 1 | 2   | 2 3 | 2 1 ┌3-3
2 3 3 | 2 1 | 3 3 | 2 1 | 2 3 | 1 1 1 | 2   | 2 3 | 2 1 └1-1
2 3 3 | 2 1 | 3 3 | 2 1 | 2 3 | 1 1 1 | 2   | 3 2 3 3 ┌1-2
2 3 3 | 2 1 | 3 3 | 2 1 | 2 3 | 1 1 1 | 2   | 3 2 3 3 └2-1
2 3 3 | 2 1 | 3 3 | 2 1 | 2 3 | 1 1   | 1 2 | 3 2 1 1 ┌2-3
2 3 3 | 2 1 | 3 3 | 2 1 | 2 3 | 1 1   | 1 2 | 3 2 1 1 └3-2
2 3 3 | 2 1 | 3 3 | 2 1 | 2 3 | 1 1   | 2 1 | 2 3 1 2 ┌2-3
2 3 3 | 2 1 | 3 3 | 2 1 | 2 3 | 1 1   | 2 1 | 2 3 1 2 └3-2
2 3 3 | 2 1 | 3 3 | 2 1 | 2 3 | 1 1   | 2 1 | 2 3 2 1 ┌3-3
2 3 3 | 2 1 | 3 3 | 2 1 | 2 3 | 1 1   | 2 1 | 2 3 2 1 └1-1
2 3 3 | 2 1 | 3 3 | 2 1 | 2 3 | 1 1   | 2 1 | 3 2 3 3 ┌1-2
2 3 3 | 2 1 | 3 3 | 2 1 | 2 3 | 1 1   | 2 1 | 3 2 3 3 └2-1
2 3 3 | 2 1 | 3 3 | 2 1 | 2 3 | 1 1   | 2 1 | 3 2 1 1 ┌2-3
2 3 3 | 2 1 | 3 3 | 2 1 | 2 3 | 1 1   | 2 1 | 3 2 1 1 └3-2
2 3 3 | 2 1 | 3 3 | 2 1 | 3 2 | 1 2   | 1 2 | 2 3 1 2 ┌2-3
2 3 3 | 2 1 | 3 3 | 2 1 | 3 2 | 1 2   | 1 2 | 2 3 1 2 └3-2
2 3 3 | 2 1 | 3 3 | 2 1 | 3 2 | 1 2   | 1 2 | 2 3 2 1 ┌3-3
2 3 3 | 2 1 | 3 3 | 2 1 | 3 2 | 1 2   | 1 2 | 2 3 2 1 └1-1
2 3 3 | 2 1 | 3 3 | 2 1 | 3 2 | 1 2   | 1 2 | 3 2 3 3 ┌1-2
2 3 3 | 2 1 | 3 3 | 2 1 | 3 2 | 1 2   | 1 2 | 3 2 3 3 └2-1
2 3 3 | 2 1 | 3 3 | 2 1 | 3 2 | 1 2   | 1 2 | 3 2 1 1 ┌2-3
2 3 3 | 2 1 | 3 3 | 2 1 | 3 2 | 1 2   | 1 2 | 3 2 1 1 └3-2
2 3 3 | 2 1 | 3 3 | 2 1 | 3 2 | 1 2   | 2 1 | 2 3 1 2 ┌2-3
2 3 3 | 2 1 | 3 3 | 2 1 | 3 2 | 1 2   | 2 1 | 2 3 1 2 └3-2
2 3 3 | 2 1 | 3 3 | 2 1 | 3 2 | 1 2   | 2 1 | 2 3 2 1 ┌3-3
2 3 3 | 2 1 | 3 3 | 2 1 | 3 2 | 1 2   | 2 1 | 2 3 2 1 └1-1
2 3 3 | 2 1 | 3 3 | 2 1 | 3 2 | 1 2   | 2 1 | 3 2 3 3 ┌1-2
2 3 3 | 2 1 | 3 3 | 2 1 | 3 2 | 1 2   | 2 1 | 3 2 3 3 └2-1
2 3 3 | 2 1 | 3 3 | 2 1 | 3 2 | 1 2   | 2 1 | 3 2 1 1 ┌2-3
2 3 3 | 2 1 | 3 3 | 2 1 | 3 2 | 1 2   | 2 1 | 3 2 1 1 └3-2
2 3 3 | 2 1 | 3 3 | 2 1 | 3 2 | 2 1 1 | 2   | 2 3 1 2 ┌2-3
2 3 3 | 2 1 | 3 3 | 2 1 | 3 2 | 2 1 1 | 2   | 2 3 1 2 └3-2
2 3 3 | 2 1 | 3 3 | 2 1 | 3 2 | 2 1 1 | 2   | 2 3 2 1 ┌3-3
2 3 3 | 2 1 | 3 3 | 2 1 | 3 2 | 2 1 1 | 2   | 2 3 2 1 └1-1
2 3 3 | 2 1 | 3 3 | 2 1 | 3 2 | 2 1   | 1 2 | 3 2 3 3 ┌1-2
2 3 3 | 2 1 | 3 3 | 2 1 | 3 2 | 2 1   | 1 2 | 3 2 3 3 └2-1
2 3 3 | 2 1 | 3 3 | 2 1 | 3 2 | 2 1   | 1 2 | 3 2 1 1 ┌2-3
2 3 3 | 2 1 | 3 3 | 2 1 | 3 2 | 2 1   | 1 2 | 3 2 1 1 └3-2
2 3 3 | 2 1 | 3 3 | 2 1 | 3 2 | 2 1   | 2 1 | 2 3 1 2 ┌2-3
2 3 3 | 2 1 | 3 3 | 2 1 | 3 2 | 2 1   | 2 1 | 2 3 1 2 └3-2
2 3 3 | 2 1 | 3 3 | 2 1 | 3 2 | 2 1   | 2 1 | 2 3 2 1 ┌3-3
2 3 3 | 2 1 | 3 3 | 2 1 | 3 2 | 2 1   | 2 1 | 2 3 2 1 └1-1
2 3 3 | 2 1 | 3 3 | 2 1 | 3 2 | 2 1   | 2 1 | 3 2 3 3 ┌1-2
2 3 3 | 2 1 | 3 3 | 2 1 | 3 2 | 2 1   | 2 1 | 3 2 3 3 └2-1
2 3 3 | 2 1 | 3 3 | 2 1 | 3 2 | 2 1   | 2 1 | 3 2 1 1 ┌2-3
2 3 3 | 2 1 | 3 3 | 2 1 | 3 2 | 2 1   | 2 1 | 3 2 1 1 └3-2
```

二叉树*A*的值树的2～子树及解向量表9

```
2 3 3 2 1 │ 1 1 2 3 │ 1 2 2 3 2 3 2 3 1 2 ┌2-3
2 3 3 2 1 │ 1 1 2 3 │ 1 2 2 3 2 3 2 3 1 2 └3-2
2 3 3 2 1 │ 1 1 2 3 │ 1 2 2 3 2 3  2 3 2 1 ┌3-3
2 3 3 2 1 │ 1 1 2 3 │ 1 2 2 3 2 3  2 3 2 1 └1-1
2 3 3 2 1 │ 1 1 2 3 │ 1 2 2 3  2 3 3 2 3 3 ┌1-2
2 3 3 2 1 │ 1 1 2 3 │ 1 2 2 3  2 3 3 2 3 3 └2-1
2 3 3 2 1 │ 1 1 2 3 │ 1 2 2 3 2 3 3 2 1 1 ┌2-3
2 3 3 2 1 │ 1 1 2 3 │ 1 2 2 3 2 3 3 2 1 1 └3-2
2 3 3 2 1 │ 1 1 2 3 │ 1 2 2 3 3 2 2 3 1 2 ┌2-3
2 3 3 2 1 │ 1 1 2 3 │ 1 2 2 3 3 2 2 3 1 2 └3-2
2 3 3 2 1 │ 1 1 2 3 │ 1 2 2 3 3 2  2 3 2 1 ┌3-3
2 3 3 2 1 │ 1 1 2 3 │ 1 2 2 3 3 2 2 3 2 1 └1-1
2 3 3 2 1 │ 1 1 2 3 │ 1 2 2 3 3 2 3 2 3 3 ┌1-2
2 3 3 2 1 │ 1 1 2 3 │ 1 2 2 3 3 2 3 2 3 3 └2-1
2 3 3 2 1 │ 1 1 2 3 │ 1 2 2 3 3 2 3 2 1 1 ┌2-3
2 3 3 2 1 │ 1 1 2 3 │ 1 2 2 3 3 2 3 2 1 1 └3-2
2 3 3 2 1 │ 1 1 2 3 │ 1 2 3 2 2 3 2 3 1 2 ┌2-3
2 3 3 2 1 │ 1 1 2 3 │ 1 2 3 2 2 3 2 3 1 2 └3-2
2 3 3 2 1 │ 1 1 2 3 │ 1 2 3 2 2 3  2 3 2 1 ┌3-3
2 3 3 2 1 │ 1 1 2 3 │ 1 2 3 2 2 3 2 3 2 1 └1-1
2 3 3 2 1 │ 1 1 2 3 │ 1 2 3 2 2 3 3 2 3 3 ┌1-2
2 3 3 2 1 │ 1 1 2 3 │ 1 2 3 2 2 3 3 2 3 3 └2-1
2 3 3 2 1 │ 1 1 2 3 │ 1 2 3 2 2 3 3 2 1 1 ┌2-3
2 3 3 2 1 │ 1 1 2 3 │ 1 2 3 2 2 3 3 2 1 1 └3-2
2 3 3 2 1 │ 1 1 2 3 │ 1 2 3 2 3 2 2 3 1 2 ┌2-3
2 3 3 2 1 │ 1 1 2 3 │ 1 2 3 2 3 2 2 3 1 2 └3-2
2 3 3 2 1 │ 1 1 2 3 │ 1 2 3 2 3 2 2 3 2 1 ┌3-3
2 3 3 2 1 │ 1 1 2 3 │ 1 2 3 2 3 2 2 3 2 1 └1-1
2 3 3 2 1 │ 1 1 2 3 │ 1 2 3 2 3 2 3 2 3 3 ┌1-2
2 3 3 2 1 │ 1 1 2 3 │ 1 2 3 2 3 2 3 2 3 3 └2-1
2 3 3 2 1 │ 1 1 2 3 │ 1 2 3 2 3 2 3 2 1 1 ┌2-3
2 3 3 2 1 │ 1 1 2 3 │ 1 2 3 2 3 2 3 2 1 1 └3-2
2 3 3 2 1 │ 1 1 │ 2 3 2 1 3 3 2 3 2 3 1 2 ┌2-3
2 3 3 2 1 │ 1 1 2 3 │ 2 1 3 3 2 3 2 3 1 2 └3-2
2 3 3 2 1 │ 1 1 2 3 │ 2 1 3 3 2 3  2 3 2 1 ┌3-3
2 3 3 2 1 │ 1 1 2 3 │ 2 1 3 3 2 3 2 3 2 1 └1-1
2 3 3 2 1 │ 1 1 2 3 │ 2 1 3 3 2 3 3 2 3 3 ┌1-2
2 3 3 2 1 │ 1 1 2 3 │ 2 1 3 3 2 3 3 2 3 3 └2-1
2 3 3 2 1 │ 1 1 2 3 │ 2 1 3 3 2 3 3 2 1 1 ┌2-3
2 3 3 2 1 │ 1 1 2 3 │ 2 1 3 3 2 3 3 2 1 1 └3-2
2 3 3 2 1 │ 1 1 2 3 │ 2 1 3 3 3 2 2 3 1 2 ┌2-3
2 3 3 2 1 │ 1 1 2 3 │ 2 1 3 3 3 2 2 3 1 2 └3-2
2 3 3 2 1 │ 1 1 2 3 │ 2 1 3 3 3 2 2 3 2 1 ┌3-3
2 3 3 2 1 │ 1 1 2 3 │ 2 1 3 3 3 2 2 3 2 1 └1-1
2 3 3 2 1 │ 1 1 2 3 │ 2 1 3 3 3 2 3 2 3 3 ┌1-2
2 3 3 2 1 │ 1 1 2 3 │ 2 1 3 3 3 2 3 2 3 3 └2-1
2 3 3 2 1 │ 1 1 2 3 │ 2 1 3 3 3 2 3 2 1 1 ┌2-3
2 3 3 2 1 │ 1 1 │ 2 3 2 1 3 3 3 2 3 2 1 1 └3-2
```

二叉树*A*的值树的2~子树及解向量表10

```
2 3 3 2 1 | 1 1 | 2 3 2 1 1 1 | 2 3 2 3 1 2 ┌2-3
2 3 3 2 1 | 1 1 | 2 3 2 1 1 1 | 2 3 2 3 1 2 └3-2
2 3 3 2 1 | 1 1 | 2 3 2 1 1 1 | 2 3 2 3 2 1 ┌3-3
2 3 3 2 1 | 1 1 | 2 3 2 1 1 1 | 2 3 2 3 2 1 └1-1
2 3 3 2 1 | 1 1 | 2 3 2 1 1 1 | 2 3 3 2 3 3 ┌1-2
2 3 3 2 1 | 1 1 | 2 3 2 1 1 1 | 2 3 3 2 3 3 └2-1
2 3 3 2 1 | 1 1 | 2 3 2 1 1 1 | 2 3 3 2 1 1 ┌2-3
2 3 3 2 1 | 1 1 | 2 3 2 1 1 1 | 2 3 3 2 1 1 └3-2
2 3 3 2 1 | 1 1 | 2 3 2 1 1 1 | 3 2 2 3 1 2 ┌2-3
2 3 3 2 1 | 1 1 | 2 3 2 1 1 1 | 3 2 2 3 1 2 └3-2
2 3 3 2 1 | 1 1 | 2 3 2 1 1 1 | 3 2 2 3 2 1 ┌3-3
2 3 3 2 1 | 1 1 | 2 3 2 1 1 1 | 3 2 2 3 2 1 └1-1
2 3 3 2 1 | 1 1 | 2 3 2 1 1 1 | 3 2 3 2 3 3 ┌1-2
2 3 3 2 1 | 1 1 | 2 3 2 1 1 1 | 3 2 3 2 3 3 └2-1
2 3 3 2 1 | 1 1 | 2 3 2 1 1 1 | 3 2 3 2 1 1 ┌2-3
2 3 3 2 1 | 1 1 | 2 3 2 1 1 1 | 3 2 3 2 1 1 └3-2
2 3 3 2 1 | 1 1 | 3 2 3 3 1 2 | 2 3 2 3 1 2 ┌2-3
2 3 3 2 1 | 1 1 | 3 2 3 3 1 2 | 2 3 2 3 1 2 └3-2
2 3 3 2 1 | 1 1 | 3 2 3 3 1 2 | 2 3 2 3 2 1 ┌3-3
2 3 3 2 1 | 1 1 | 3 2 3 3 1 2 | 2 3 2 3 2 1 └1-1
2 3 3 2 1 | 1 1 | 3 2 3 3 1 2 | 2 3 3 2 3 3 ┌1-2
2 3 3 2 1 | 1 1 | 3 2 3 3 1 2 | 2 3 3 2 3 3 └2-1
2 3 3 2 1 | 1 1 | 3 2 3 3 1 2 | 2 3 3 2 1 1 ┌2-3
2 3 3 2 1 | 1 1 | 3 2 3 3 1 2 | 2 3 3 2 1 1 └3-2
2 3 3 2 1 | 1 1 | 3 2 3 3 1 2 | 3 2 2 3 1 2 ┌2-3
2 3 3 2 1 | 1 1 | 3 2 3 3 1 2 | 3 2 2 3 1 2 └3-2
2 3 3 2 1 | 1 1 | 3 2 3 3 1 2 | 3 2 2 3 2 1 ┌3-3
2 3 3 2 1 | 1 1 | 3 2 3 3 1 2 | 3 2 2 3 2 1 └1-1
2 3 3 2 1 | 1 1 | 3 2 3 3 1 2 | 3 2 3 2 3 3 ┌1-2
2 3 3 2 1 | 1 1 | 3 2 3 3 1 2 | 3 2 3 2 3 3 └2-1
2 3 3 2 1 | 1 1 | 3 2 3 3 1 2 | 3 2 3 2 1 1 ┌2-3
2 3 3 2 1 | 1 1 | 3 2 3 3 1 2 | 3 2 3 2 1 1 └3-2
2 3 3 2 1 | 1 1 | 3 2 3 3 2 1 | 2 3 2 3 1 2 ┌2-3
2 3 3 2 1 | 1 1 | 3 2 3 3 2 1 | 2 3 2 3 1 2 └3-2
2 3 3 2 1 | 1 1 | 3 2 3 3 2 1 | 2 3 2 3 2 1 ┌3-3
2 3 3 2 1 | 1 1 | 3 2 3 3 2 1 | 2 3 2 3 2 1 └1-1
2 3 3 2 1 | 1 1 | 3 2 3 3 2 1 | 2 3 3 2 3 3 ┌1-2
2 3 3 2 1 | 1 1 | 3 2 3 3 2 1 | 2 3 3 2 3 3 └2-1
2 3 3 2 1 | 1 1 | 3 2 3 3 2 1 | 2 3 3 2 1 1 ┌2-3
2 3 3 2 1 | 1 1 | 3 2 3 3 2 1 | 2 3 3 2 1 1 └3-2
2 3 3 2 1 | 1 1 | 3 2 3 3 2 1 | 3 2 2 3 1 2 ┌2-3
2 3 3 2 1 | 1 1 | 3 2 3 3 2 1 | 3 2 2 3 1 2 └3-2
2 3 3 2 1 | 1 1 | 3 2 3 3 2 1 | 3 2 2 3 2 1 ┌3-3
2 3 3 2 1 | 1 1 | 3 2 3 3 2 1 | 3 2 2 3 2 1 └1-1
2 3 3 2 1 | 1 1 | 3 2 3 3 2 1 | 3 2 3 2 3 3 ┌1-2
2 3 3 2 1 | 1 1 | 3 2 3 3 2 1 | 3 2 3 2 3 3 └2-1
2 3 3 2 1 | 1 1 | 3 2 3 3 2 1 | 3 2 3 2 1 1 ┌2-3
2 3 3 2 1 | 1 1 | 3 2 3 3 2 1 | 3 2 3 2 1 1 └3-2
```

二叉树A的值树的2～子树及解向量表11

```
2 3 3 2 1 1 1 3 2 1 1 2 3 2 3 2 3 1 2─2-3
2 3 3 2 1 1 1 3 2 1 1 2 3 2 3 2 3 1 2─3-2
2 3 3 2 1 1 1 3 2 1 1 2 3 2 3 2 3 2 1─3-3
2 3 3 2 1 1 1 3 2 1 1 2 3 2 3 2 3 2 1─1-1
2 3 3 2 1 1 1 3 2 1 1 2 3 2 3 3 2 3 3─1-2
2 3 3 2 1 1 1 3 2 1 1 2 3 2 3 3 2 3 3─2-1
2 3 3 2 1 1 1 3 2 1 1 2 3 2 3 3 2 1 1─2-3
2 3 3 2 1 1 1 3 2 1 1 2 3 2 3 3 2 1 1─3-2
2 3 3 2 1 1 1 3 2 1 1 2 3 3 2 2 3 1 2─2-3
2 3 3 2 1 1 1 3 2 1 1 2 3 3 2 2 3 1 2─3-2
2 3 3 2 1 1 1 3 2 1 1 2 3 3 2 2 3 2 1─3-3
2 3 3 2 1 1 1 3 2 1 1 2 3 3 2 2 3 2 1─1-1
2 3 3 2 1 1 1 3 2 1 1 2 3 3 2 3 2 3 3─1-2
2 3 3 2 1 1 1 3 2 1 1 2 3 3 2 3 2 3 3─2-1
2 3 3 2 1 1 1 3 2 1 1 2 3 3 2 3 2 1 1─2-3
2 3 3 2 1 1 1 3 2 1 1 2 3 3 2 3 2 1 1─3-2
2 3 3 2 1 1 1 3 2 1 1 3 2 2 3 2 3 1 2─2-3
2 3 3 2 1 1 1 3 2 1 1 3 2 2 3 2 3 1 2─3-2
2 3 3 2 1 1 1 3 2 1 1 3 2 2 3 2 3 2 1─3-3
2 3 3 2 1 1 1 3 2 1 1 3 2 2 3 2 3 2 1─1-1
2 3 3 2 1 1 1 3 2 1 1 3 2 2 3 3 2 3 3─1-2
2 3 3 2 1 1 1 3 2 1 1 3 2 2 3 3 2 3 3─2-1
2 3 3 2 1 1 1 3 2 1 1 3 2 2 3 3 2 1 1─2-3
2 3 3 2 1 1 1 3 2 1 1 3 2 2 3 3 2 1 1─3-2
2 3 3 2 1 1 1 3 2 1 1 3 2 3 2 2 3 1 2─2-3
2 3 3 2 1 1 1 3 2 1 1 3 2 3 2 2 3 1 2─3-2
2 3 3 2 1 1 1 3 2 1 1 3 2 3 2 2 3 2 1─3-3
2 3 3 2 1 1 1 3 2 1 1 3 2 3 2 2 3 2 1─1-1
2 3 3 2 1 1 1 3 2 1 1 3 2 3 2 3 2 3 3─1-2
2 3 3 2 1 1 1 3 2 1 1 3 2 3 2 3 2 3 3─2-1
2 3 3 2 1 1 1 3 2 1 1 3 2 3 2 3 2 1 1─2-3
2 3 3 2 1 1 1 3 2 1 1 3 2 3 2 3 2 1 1─3-2
2 1 1 2 3 3 3 1 2 3 3 1 2 1 2 1 2 3 3─1-2
2 1 1 2 3 3 3 1 2 3 3 1 2 1 2 1 2 3 3─2-1
2 1 1 2 3 3 3 1 2 3 3 1 2 1 2 1 2 1 1─2-3
2 1 1 2 3 3 3 1 2 3 3 1 2 1 2 1 2 1 1─3-2
2 1 1 2 3 3 3 1 2 3 3 1 2 1 2 2 1 2 3─3-3
2 1 1 2 3 3 3 1 2 3 3 1 2 1 2 2 1 2 3─1-1
2 1 1 2 3 3 3 1 2 3 3 1 2 1 2 2 1 3 2─1-2
2 1 1 2 3 3 3 1 2 3 3 1 2 1 2 2 1 3 2─2-1
2 1 1 2 3 3 3 1 2 3 3 1 2 2 1 1 2 3 3─1-2
2 1 1 2 3 3 3 1 2 3 3 1 2 2 1 1 2 3 3─2-1
2 1 1 2 3 3 3 1 2 3 3 1 2 2 1 1 2 1 1─2-3
2 1 1 2 3 3 3 1 2 3 3 1 2 2 1 1 2 1 1─3-2
2 1 1 2 3 3 3 1 2 3 3 1 2 2 1 2 1 2 3─3-3
2 1 1 2 3 3 3 1 2 3 3 1 2 2 1 2 1 2 3─1-1
2 1 1 2 3 3 3 1 2 3 3 1 2 2 1 2 1 3 2─1-2
2 1 1 2 3 3 3 1 2 3 3 1 2 2 1 2 1 3 2─2-1
```

二叉树A的值树的2～子树及解向量表12

																			解向量
2	1	1	2	3	3	3	1	2	3	3	2	1	1	2	1	2	3	3	1–2
2	1	1	2	3	3	3	1	2	3	3	2	1	1	2	1	2	3	3	2–1
2	1	1	2	3	3	3	1	2	3	3	2	1	1	2	1	2	1	1	2–3
2	1	1	2	3	3	3	1	2	3	3	2	1	1	2	1	2	1	1	3–2
2	1	1	2	3	3	3	1	2	3	3	2	1	1	2	2	1	2	3	3–3
2	1	1	2	3	3	3	1	2	3	3	2	1	1	2	2	1	2	3	1–1
2	1	1	2	3	3	3	1	2	3	3	2	1	1	2	2	1	3	2	1–2
2	1	1	2	3	3	3	1	2	3	3	2	1	1	2	2	1	3	2	2–1
2	1	1	2	3	3	3	1	2	3	3	2	1	2	1	1	2	3	3	1–2
2	1	1	2	3	3	3	1	2	3	3	2	1	2	1	1	2	3	3	2–1
2	1	1	2	3	3	3	1	2	3	3	2	1	2	1	1	2	1	1	2–3
2	1	1	2	3	3	3	1	2	3	3	2	1	2	1	1	2	1	1	3–2
2	1	1	2	3	3	3	1	2	3	3	2	1	2	1	2	1	2	3	3–3
2	1	1	2	3	3	3	1	2	3	3	2	1	2	1	2	1	2	3	1–1
2	1	1	2	3	3	3	1	2	3	3	2	1	2	1	2	1	3	2	1–2
2	1	1	2	3	3	3	1	2	3	3	2	1	2	1	2	1	3	2	2–1
2	1	1	2	3	3	3	1	2	1	1	2	3	1	2	1	2	3	3	1–2
2	1	1	2	3	3	3	1	2	1	1	2	3	1	2	1	2	3	3	2–1
2	1	1	2	3	3	3	1	2	1	1	2	3	1	2	1	2	1	1	2–3
2	1	1	2	3	3	3	1	2	1	1	2	3	1	2	1	2	1	1	3–2
2	1	1	2	3	3	3	1	2	1	1	2	3	1	2	2	1	2	3	3–3
2	1	1	2	3	3	3	1	2	1	1	2	3	1	2	2	1	2	3	1–1
2	1	1	2	3	3	3	1	2	1	1	2	3	1	2	2	1	3	2	1–2
2	1	1	2	3	3	3	1	2	1	1	2	3	1	2	2	1	3	2	2–1
2	1	1	2	3	3	3	1	2	1	1	2	3	2	1	1	2	3	3	1–2
2	1	1	2	3	3	3	1	2	1	1	2	3	2	1	1	2	3	3	2–1
2	1	1	2	3	3	3	1	2	1	1	2	3	2	1	1	2	1	1	2–3
2	1	1	2	3	3	3	1	2	1	1	2	3	2	1	1	2	1	1	3–2
2	1	1	2	3	3	3	1	2	1	1	2	3	2	1	2	1	2	3	3–3
2	1	1	2	3	3	3	1	2	1	1	2	3	2	1	2	1	2	3	1–1
2	1	1	2	3	3	3	1	2	1	1	2	3	2	1	2	1	3	2	1–2
2	1	1	2	3	3	3	1	2	1	1	2	3	2	1	2	1	3	2	2–1
2	1	1	2	3	3	3	1	2	1	1	3	2	1	2	1	2	3	3	1–2
2	1	1	2	3	3	3	1	2	1	1	3	2	1	2	1	2	3	3	2–1
2	1	1	2	3	3	3	1	2	1	1	3	2	1	2	1	2	1	1	2–3
2	1	1	2	3	3	3	1	2	1	1	3	2	1	2	1	2	1	1	3–2
2	1	1	2	3	3	3	1	2	1	1	3	2	1	2	2	1	2	3	3–3
2	1	1	2	3	3	3	1	2	1	1	3	2	1	2	2	1	2	3	1–1
2	1	1	2	3	3	3	1	2	1	1	3	2	1	2	2	1	3	2	1–2
2	1	1	2	3	3	3	1	2	1	1	3	2	1	2	2	1	3	2	2–1
2	1	1	2	3	3	3	1	2	1	1	3	2	2	1	1	2	3	3	1–2
2	1	1	2	3	3	3	1	2	1	1	3	2	2	1	1	2	3	3	2–1
2	1	1	2	3	3	3	1	2	1	1	3	2	2	1	1	2	1	1	2–3
2	1	1	2	3	3	3	1	2	1	1	3	2	2	1	1	2	1	1	3–2
2	1	1	2	3	3	3	1	2	1	1	3	2	2	1	2	1	2	3	3–3
2	1	1	2	3	3	3	1	2	1	1	3	2	2	1	2	1	2	3	1–1
2	1	1	2	3	3	3	1	2	1	1	3	2	2	1	2	1	3	2	1–2
2	1	1	2	3	3	3	1	2	1	1	3	2	2	1	2	1	3	2	2–1

二叉树A的值树的2～子树及解向量表13

																			解向量
2	1	1	2	3	3	3	2	1	2	3	3	3	1	2	1	2	3	3	1-2
2	1	1	2	3	3	3	2	1	2	3	3	3	1	2	1	2	3	3	2-1
2	1	1	2	3	3	3	2	1	2	3	3	3	1	2	1	2	1	1	2-3
2	1	1	2	3	3	3	2	1	2	3	3	3	1	2	1	2	1	1	3-2
2	1	1	2	3	3	3	2	1	2	3	3	3	1	2	2	1	2	3	3-3
2	1	1	2	3	3	3	2	1	2	3	3	3	1	2	2	1	2	3	1-1
2	1	1	2	3	3	3	2	1	2	3	3	3	1	2	2	1	3	2	1-2
2	1	1	2	3	3	3	2	1	2	3	3	3	1	2	2	1	3	2	2-1
2	1	1	2	3	3	3	2	1	2	3	3	3	2	1	1	2	3	3	1-2
2	1	1	2	3	3	3	2	1	2	3	3	3	2	1	1	2	3	3	2-1
2	1	1	2	3	3	3	2	1	2	3	3	3	2	1	1	2	1	1	2-3
2	1	1	2	3	3	3	2	1	2	3	3	3	2	1	1	2	1	1	3-2
2	1	1	2	3	3	3	2	1	2	3	3	2	1	2	1	2	2	3	3-3
2	1	1	2	3	3	3	2	1	2	3	3	2	1	2	1	2	3	3	1-1
2	1	1	2	3	3	3	2	1	2	3	3	2	1	2	1	3	2	2	1-2
2	1	1	2	3	3	3	2	1	2	3	3	2	1	2	2	3	3	2	2-1
2	1	1	2	3	3	3	2	1	2	3	1	1	1	2	1	2	3	3	1-2
2	1	1	2	3	3	3	2	1	2	3	1	1	1	2	1	2	3	3	2-1
2	1	1	2	3	3	3	2	1	2	3	1	1	1	2	1	2	1	1	2-3
2	1	1	2	3	3	3	2	1	2	3	1	1	1	2	1	2	1	1	3-2
2	1	1	2	3	3	3	2	1	2	3	1	1	1	2	2	1	2	3	3-3
2	1	1	2	3	3	3	2	1	2	3	1	1	1	2	2	1	2	3	1-1
2	1	1	2	3	3	3	2	1	2	3	1	1	2	1	1	2	3	3	1-2
2	1	1	2	3	3	3	2	1	2	3	1	1	2	1	1	2	3	3	2-1
2	1	1	2	3	3	3	2	1	2	3	1	1	2	1	1	2	1	1	2-3
2	1	1	2	3	3	3	2	1	2	3	1	1	2	1	1	2	1	1	3-2
2	1	1	2	3	3	3	2	1	2	3	1	1	2	1	2	1	2	3	3-3
2	1	1	2	3	3	3	2	1	2	3	1	1	2	1	2	1	2	3	1-1
2	1	1	2	3	3	3	2	1	2	3	1	1	2	1	2	1	3	2	1-2
2	1	1	2	3	3	3	2	1	2	3	1	1	2	1	2	1	3	2	2-1
2	1	1	2	3	3	3	2	1	3	2	1	2	1	2	1	2	3	3	1-2
2	1	1	2	3	3	3	2	1	3	2	1	2	1	2	1	2	3	3	2-1
2	1	1	2	3	3	3	2	1	3	2	1	2	1	2	1	2	1	1	2-3
2	1	1	2	3	3	3	2	1	3	2	1	2	1	2	1	2	1	1	3-2
2	1	1	2	3	3	3	2	1	3	2	1	2	1	2	2	1	2	3	3-3
2	1	1	2	3	3	3	2	1	3	2	1	2	1	2	2	1	2	3	1-1
2	1	1	2	3	3	3	2	1	3	2	1	2	1	2	2	1	3	2	1-2
2	1	1	2	3	3	3	2	1	3	2	1	2	1	2	2	1	3	2	2-1
2	1	1	2	3	3	3	2	1	3	2	1	2	2	1	1	2	3	3	1-2
2	1	1	2	3	3	3	2	1	3	2	1	2	2	1	1	2	3	3	2-1
2	1	1	2	3	3	3	2	1	3	2	1	2	2	1	1	2	1	1	2-3
2	1	1	2	3	3	3	2	1	3	2	1	2	2	1	1	2	1	1	3-2
2	1	1	2	3	3	3	2	1	3	2	1	2	2	1	2	1	2	3	3-3
2	1	1	2	3	3	3	2	1	3	2	1	2	2	1	2	1	2	3	1-1
2	1	1	2	3	3	3	2	1	3	2	1	2	2	1	2	1	3	2	1-2
2	1	1	2	3	3	3	2	1	3	2	1	2	2	1	2	1	3	2	2-1

二叉树A的值树的2～子树及解向量表14

2	1	1	2	3	3	3	2	1	3	2	2	1	1	2	1	2	3	3	1-2
2	1	1	2	3	3	3	2	1	3	2	2	1	1	2	1	2	3	3	2-1
2	1	1	2	3	3	3	2	1	3	2	2	1	1	2	1	2	1	1	2-3
2	1	1	2	3	3	3	2	1	3	2	2	1	1	2	1	2	1	1	3-2
2	1	1	2	3	3	3	2	1	3	2	2	1	1	2	2	1	2	3	3-3
2	1	1	2	3	3	3	2	1	3	2	2	1	1	2	2	1	2	3	1-1
2	1	1	2	3	3	3	2	1	3	2	2	1	1	2	2	1	3	2	1-2
2	1	1	2	3	3	3	2	1	3	2	1	1	2	2	1	3	2		2-1
2	1	1	2	3	3	3	2	1	3	2	2	1	2	1	1	2	3	2	1-2
2	1	1	2	3	3	3	2	1	3	2	2	1	2	1	1	2	3	3	2-1
2	1	1	2	3	3	3	2	1	3	2	2	1	2	1	1	2	1	1	2-3
2	1	1	2	3	3	3	2	1	3	2	2	1	2	1	1	2	1	1	3-2
2	1	1	2	3	3	3	2	1	3	2	2	1	2	1	2	1	2	3	3-3
2	1	1	2	3	3	3	2	1	3	2	2	1	2	1	2	1	2	3	1-1
2	1	1	2	3	3	3	2	1	3	2	2	1	2	1	2	1	3	2	1-2
2	1	1	2	3	3	3	2	1	3	2	2	1	2	1	2	1	3	2	2-1
2	1	1	2	3	1	1	2	3	1	2	2	3	2	3	1	2	3	3	1-2
2	1	1	2	3	1	1	2	3	1	2	2	3	2	3	1	2	3	3	2-1
2	1	1	2	3	1	1	2	3	1	2	2	3	2	3	1	2	1	1	2-3
2	1	1	2	3	1	1	2	3	1	2	2	3	2	3	1	2	1	1	3-2
2	1	1	2	3	1	1	2	3	1	2	2	3	2	3	1	2	3	3	3-3
2	1	1	2	3	1	1	2	3	1	2	2	3	2	1	2	3	1	1	1-1
2	1	1	2	3	1	1	2	3	1	2	2	3	2	3	2	1	3	2	1-2
2	1	1	2	3	1	1	2	3	1	2	2	3	2	3	2	1	3	2	2-1
2	1	1	2	3	1	1	2	3	1	2	2	3	3	2	1	2	3	3	1-2
2	1	1	2	3	1	1	2	3	1	2	2	3	3	2	1	2	3	3	2-1
2	1	1	2	3	1	1	2	3	1	2	2	3	3	2	1	2	1	1	2-3
2	1	1	2	3	1	1	2	3	1	2	2	3	3	2	1	2	1	1	3-2
2	1	1	2	3	1	1	2	3	1	2	2	3	3	2	2	1	2	3	3-3
2	1	1	2	3	1	1	2	3	1	2	2	3	3	2	2	1	2	3	1-1
2	1	1	2	3	1	1	2	3	1	2	2	3	3	2	2	1	3	2	1-2
2	1	1	2	3	1	1	2	3	1	2	2	3	3	2	2	1	3	2	2-1
2	1	1	2	3	1	1	2	3	1	2	2	2	2	3	1	2	3	3	1-2
2	1	1	2	3	1	1	2	3	1	2	3	2	2	3	1	2	3	3	2-1
2	1	1	2	3	1	1	2	3	1	2	3	2	2	3	1	2	1	1	2-3
2	1	1	2	3	1	1	2	3	1	2	3	2	2	3	1	2	1	1	3-2
2	1	1	2	3	1	1	2	3	1	2	3	2	2	3	2	1	2	3	3-3
2	1	1	2	3	1	1	2	3	1	2	3	2	2	3	2	1	2	3	1-1
2	1	1	2	3	1	1	2	3	1	2	3	2	2	3	2	1	3	2	1-2
2	1	1	2	3	1	1	2	3	1	2	3	2	2	3	2	1	3	2	2-1
2	1	1	2	3	1	1	2	3	1	2	3	2	3	2	1	2	3	3	1-2
2	1	1	2	3	1	1	2	3	1	2	3	2	3	2	1	2	3	3	2-1
2	1	1	2	3	1	1	2	3	1	2	3	2	3	2	1	2	1	1	2-3
2	1	1	2	3	1	1	2	3	1	2	3	2	3	2	1	2	1	1	3-2
2	1	1	2	3	1	1	2	3	1	2	3	2	3	2	2	1	2	3	3-3
2	1	1	2	3	1	1	2	3	1	2	3	2	3	2	2	1	2	3	1-1
2	1	1	2	3	1	1	2	3	1	2	3	2	3	2	2	1	3	2	1-2
2	1	1	2	3	1	1	2	3	1	2	3	2	3	2	2	1	3	2	2-1

二叉树A的值树的2～子树及解向量表15

2	1	1	2	3	1	1	2	3	2	1	3	3	2	3	1	2	3	3	1–2
2	1	1	2	3	1	1	2	3	2	1	3	3	2	3	1	2	3	3	2–1
2	1	1	2	3	1	1	2	3	2	1	3	3	2	3	1	2	1	1	2–3
2	1	1	2	3	1	1	2	3	2	1	3	3	2	3	1	2	1	1	3–2
2	1	1	2	3	1	1	2	3	2	1	3	3	2	3	2	1	2	3	3–3
2	1	1	2	3	1	1	2	3	2	1	3	3	2	3	2	1	2	3	1–1
2	1	1	2	3	1	1	2	3	2	1	3	3	2	3	2	1	3	2	1–2
2	1	1	2	3	1	1	2	3	2	1	3	3	2	3	2	2	3	2	2–1
2	1	1	2	3	1	1	2	3	2	1	3	3	3	2	1	2	3	3	1–2
2	1	1	2	3	1	1	2	3	2	1	3	3	3	2	1	2	3	3	2–1
2	1	1	2	3	1	1	2	3	2	1	3	3	3	2	1	2	1	1	2–3
2	1	1	2	3	1	1	2	3	2	1	3	3	3	2	1	2	1	1	3–2
2	1	1	2	3	1	1	2	3	2	1	3	3	3	2	2	1	2	3	3–3
2	1	1	2	3	1	1	2	3	2	1	3	3	3	2	2	1	2	3	1–1
2	1	1	2	3	1	1	2	3	2	1	3	3	3	2	2	1	3	2	1–2
2	1	1	2	3	1	1	2	3	2	1	3	3	3	2	2	1	3	2	2–1
2	1	1	2	3	1	1	2	3	2	1	1	1	2	3	1	2	3	3	1–2
2	1	1	2	3	1	1	2	3	2	1	1	1	2	3	1	2	3	3	2–1
2	1	1	2	3	1	1	2	3	2	1	1	1	2	3	1	2	1	1	2–3
2	1	1	2	3	1	1	2	3	2	1	1	1	2	3	1	2	1	1	3–2
2	1	1	2	3	1	1	2	3	2	1	1	1	2	3	2	1	2	3	3–3
2	1	1	2	3	1	1	2	3	2	1	1	1	2	3	2	1	2	3	1–1
2	1	1	2	3	1	1	2	3	2	1	1	1	2	3	2	1	3	2	1–2
2	1	1	2	3	1	1	2	3	2	1	1	1	2	3	2	1	3	2	2–1
2	1	1	2	3	1	1	2	3	2	1	1	1	3	2	1	2	3	3	1–2
2	1	1	2	3	1	1	2	3	2	1	1	1	3	2	1	2	3	3	2–1
2	1	1	2	3	1	1	2	3	2	1	1	1	3	2	1	2	1	1	2–3
2	1	1	2	3	1	1	2	3	2	1	1	1	3	2	1	2	1	1	3–2
2	1	1	2	3	1	1	2	3	2	1	1	1	3	2	2	1	2	3	3–3
2	1	1	2	3	1	1	2	3	2	1	1	1	3	2	2	1	2	3	1–1
2	1	1	2	3	1	1	2	3	2	1	1	1	3	2	2	1	3	2	1–2
2	1	1	2	3	1	1	2	3	2	1	1	1	3	2	2	1	3	2	2–1
2	1	1	2	3	1	1	3	2	3	3	1	2	2	3	1	2	3	3	1–2
2	1	1	2	3	1	1	3	2	3	3	1	2	2	3	1	2	3	3	2–1
2	1	1	2	3	1	1	3	2	3	3	1	2	2	3	1	2	1	1	2–3
2	1	1	2	3	1	1	3	2	3	3	1	2	2	3	1	2	1	1	3–2
2	1	1	2	3	1	1	3	2	3	3	1	2	2	3	2	1	2	3	3–3
2	1	1	2	3	1	1	3	2	3	3	1	2	2	3	2	1	2	3	1–1
2	1	1	2	3	1	1	3	2	3	3	1	2	2	3	2	1	3	2	1–2
2	1	1	2	3	1	1	3	2	3	3	1	2	2	3	2	1	3	2	2–1
2	1	1	2	3	1	1	3	2	3	3	1	2	3	2	1	2	3	3	1–2
2	1	1	2	3	1	1	3	2	3	3	1	2	3	2	1	2	3	3	2–1
2	1	1	2	3	1	1	3	2	3	3	1	2	3	2	2	1	3	2	3–3
2	1	1	2	3	1	1	3	2	3	3	1	2	3	2	2	1	3	2	2–1

二叉树A的值树的2～子树及解向量表16

```
2 1 1  2 3 1 1  3 2  3 3  2 1  2 3  1 2  3 3 ─1—2
2 1 1  2 3 1 1  3 2  3 3  2 1  2 3  1 2  3 3 ─2—1
2 1 1  2 3 1 1  3 2  3 3  2 1  2 3  1 2  1 1 ─2—3
2 1 1  2 3 1 1  3 2  3 3  2 1  2 3  1 2  1 1 ─3—2
2 1 1  2 3 1 1  3 2  3 3  2 1  2 3  2 1  2 3 ─3—3
2 1 1  2 3 1 1  3 2  3 3  2 1  2 3  2 1  2 3 ─1—1
2 1 1  2 3 1 1  3 2  3 3  2 1  2 3  2 1  3 2 ─1—2
2 1 1  2 3 1 1  3 2  3 3  2 1  2 3  2 1  3 2 ─2—1
2 1 1  2 3 1 1  3 2  3 3  2 1  3 2  1 2  3 3 ─1—2
2 1 1  2 3 1 1  3 2  3 3  2 1  3 2  1 2  3 3 ─2—1
2 1 1  2 3 1 1  3 2  3 3  2 1  3 2  1 2  1 1 ─2—3
2 1 1  2 3 1 1  3 2  3 3  2 1  3 2  1 2  1 1 ─3—2
2 1 1  2 3 1 1  3 2  3 3  2 1  3 2  2 1  2 3 ─3—3
2 1 1  2 3 1 1  3 2  3 3  2 1  3 2  2 1  2 3 ─1—1
2 1 1  2 3 1 1  3 2  3 3  2 1  3 2  2 1  3 2 ─1—2
2 1 1  2 3 1 1  3 2  3 3  2 1  3 2  2 1  3 2 ─2—1
2 1 1  2 3 1 1  3 2  1 1  2 3  2 3  1 2  3 3 ─1—2
2 1 1  2 3 1 1  3 2  1 1  2 3  2 3  1 2  3 3 ─2—1
2 1 1  2 3 1 1  3 2  1 1  2 3  2 3  1 2  1 1 ─2—3
2 1 1  2 3 1 1  3 2  1 1  2 3  2 3  1 2  1 1 ─3—2
2 1 1  2 3 1 1  3 2  1 1  2 3  2 3  2 1  2 3 ─3—3
2 1 1  2 3 1 1  3 2  1 1  2 3  2 3  2 1  2 3 ─1—1
2 1 1  2 3 1 1  3 2  1 1  2 3  2 3  2 1  3 2 ─1—2
2 1 1  2 3 1 1  3 2  1 1  2 3  2 3  2 1  3 2 ─2—1
2 1 1  2 3 1 1  3 2  1 1  2 3  3 2  1 2  3 3 ─1—2
2 1 1  2 3 1 1  3 2  1 1  2 3  3 2  1 2  3 3 ─2—1
2 1 1  2 3 1 1  3 2  1 1  2 3  3 2  1 2  1 1 ─2—3
2 1 1  2 3 1 1  3 2  1 1  2 3  3 2  1 2  1 1 ─3—2
2 1 1  2 3 1 1  3 2  1 1  2 3  3 2  2 1  2 3 ─3—3
2 1 1  2 3 1 1  3 2  1 1  2 3  3 2  2 1  2 3 ─1—1
2 1 1  2 3 1 1  3 2  1 1  2 3  3 2  2 1  3 2 ─1—2
2 1 1  2 3 1 1  3 2  1 1  2 3  3 2  2 1  3 2 ─2—1
2 1 1  2 3 1 1  3 2  1 1  3 2  2 3  1 2  3 3 ─1—2
2 1 1  2 3 1 1  3 2  1 1  3 2  2 3  1 2  3 3 ─2—1
2 1 1  2 3 1 1  3 2  1 1  3 2  2 3  1 2  1 1 ─2—3
2 1 1  2 3 1 1  3 2  1 1  3 2  2 3  1 2  1 1 ─3—2
2 1 1  2 3 1 1  3 2  1 1  3 2  2 3  2 1  2 3 ─3—3
2 1 1  2 3 1 1  3 2  1 1  3 2  2 3  2 1  2 3 ─1—1
2 1 1  2 3 1 1  3 2  1 1  3 2  2 3  2 1  3 2 ─1—2
2 1 1  2 3 1 1  3 2  1 1  3 2  2 3  2 1  3 2 ─2—1
2 1 1  2 3 1 1  3 2  1 1  3 2  3 2  1 2  3 3 ─1—2
2 1 1  2 3 1 1  3 2  1 1  3 2  3 2  1 2  3 3 ─2—1
2 1 1  2 3 1 1  3 2  1 1  3 2  3 2  1 2  1 1 ─2—3
2 1 1  2 3 1 1  3 2  1 1  3 2  3 2  1 2  1 1 ─3—2
2 1 1  2 3 1 1  3 2  1 1  3 2  3 2  2 1  2 3 ─3—3
2 1 1  2 3 1 1  3 2  1 1  3 2  3 2  2 1  2 3 ─1—1
2 1 1  2 3 1 1  3 2  1 1  3 2  3 2  2 1  3 2 ─1—2
2 1 1  2 3 1 1  3 2  1 1  3 2  3 2  2 1  3 2 ─2—1
```

二叉树A的值树的2～子树及解向量表17

2	1	1	3	2	1	2	2	3	1	2	2	3	3	3	3	3	1	2	2—3
2	1	1	3	2	1	2	2	3	1	2	2	3	3	3	3	3	1	2	3—2
2	1	1	3	2	1	2	2	3	1	2	2	3	3	3	3	3	2	1	3—3
2	1	1	3	2	1	2	2	3	1	2	2	3	3	3	3	3	2	1	1—1
2	1	1	3	2	1	2	2	3	1	2	2	3	3	3	1	1	2	3	3—3
2	1	1	3	2	1	2	2	3	1	2	2	3	3	3	1	1	2	3	1—1
2	1	1	3	2	1	2	2	3	1	2	2	3	3	3	1	1	3	2	1—2
2	1	1	3	2	1	2	2	3	1	2	2	3	3	3	1	1	3	2	2—1
2	1	1	3	2	1	2	2	3	1	2	2	3	1	1	3	3	1	2	2—3
2	1	1	3	2	1	2	2	3	1	2	2	3	1	1	3	3	1	2	3—2
2	1	1	3	2	1	2	2	3	1	2	2	3	1	1	3	3	2	1	3—3
2	1	1	3	2	1	2	2	3	1	2	2	3	1	1	3	3	2	1	1—1
2	1	1	3	2	1	2	2	3	1	2	2	3	1	1	1	1	2	3	3—3
2	1	1	3	2	1	2	2	3	1	2	2	3	1	1	1	1	2	3	1—1
2	1	1	3	2	1	2	2	3	1	2	2	3	1	1	1	1	3	2	1—2
2	1	1	3	2	1	2	2	3	1	2	2	3	1	1	1	1	3	2	1—1
2	1	1	3	2	1	2	2	3	1	2	3	2	3	3	3	3	1	2	2—3
2	1	1	3	2	1	2	2	3	1	2	3	2	3	3	3	3	1	2	3—2
2	1	1	3	2	1	2	2	3	1	2	3	2	3	3	3	3	2	1	3—3
2	1	1	3	2	1	2	2	3	1	2	3	2	3	3	3	3	2	1	1—1
2	1	1	3	2	1	2	2	3	1	2	3	2	3	3	1	1	2	3	3—3
2	1	1	3	2	1	2	2	3	1	2	3	2	3	3	1	1	2	3	1—1
2	1	1	3	2	1	2	2	3	1	2	3	2	3	3	1	1	3	2	1—2
2	1	1	3	2	1	2	2	3	1	2	3	2	3	3	1	1	3	2	2—1
2	1	1	3	2	1	2	2	3	1	2	3	2	1	1	3	3	1	2	1—3
2	1	1	3	2	1	2	2	3	1	2	3	2	1	1	3	3	1	2	3—2
2	1	1	3	2	1	2	2	3	1	2	3	2	1	1	3	3	2	1	3—3
2	1	1	3	2	1	2	2	3	1	2	3	2	1	1	3	3	2	1	1—1
2	1	1	3	2	1	2	2	3	1	2	3	2	1	1	1	1	2	3	3—3
2	1	1	3	2	1	2	2	3	1	2	3	2	1	1	1	1	2	3	1—1
2	1	1	3	2	1	2	2	3	1	2	3	2	1	1	1	1	3	2	1—2
2	1	1	3	2	1	2	2	3	1	2	3	2	1	1	1	1	3	2	2—1
2	1	1	3	2	1	2	2	3	2	1	3	3	3	3	3	3	1	2	2—3
2	1	1	3	2	1	2	2	3	2	1	3	3	3	3	3	3	1	2	3—2
2	1	1	3	2	1	2	2	3	2	1	3	3	3	3	3	3	2	1	3—3
2	1	1	3	2	1	2	2	3	2	1	3	3	3	3	3	3	2	1	1—1
2	1	1	3	2	1	2	2	3	2	1	3	3	3	3	1	1	2	3	3—3
2	1	1	3	2	1	2	2	3	2	1	3	3	3	3	1	1	2	3	1—1
2	1	1	3	2	1	2	2	3	2	1	3	3	3	3	1	1	3	2	1—2
2	1	1	3	2	1	2	2	3	2	1	3	3	3	3	1	1	3	2	2—1
2	1	1	3	2	1	2	2	3	2	1	3	3	1	1	3	3	1	2	2—3
2	1	1	3	2	1	2	2	3	2	1	3	3	1	1	3	3	1	2	3—2
2	1	1	3	2	1	2	2	3	2	1	3	3	1	1	3	3	2	1	3—3
2	1	1	3	2	1	2	2	3	2	1	3	3	1	1	3	3	2	1	1—1
2	1	1	3	2	1	2	2	3	2	1	3	3	1	1	1	1	2	3	3—3
2	1	1	3	2	1	2	2	3	2	1	3	3	1	1	1	1	2	3	1—1
2	1	1	3	2	1	2	2	3	2	1	3	3	1	1	1	1	3	2	1—2
2	1	1	3	2	1	2	2	3	2	1	3	3	1	1	1	1	3	2	2—1

二叉树A的值树的2～子树及解向量表18

																			解向量
2	1	1	3	2	1	2	2	3	2	1	1	1	3	3	3	3	1	2	2－3
2	1	1	3	2	1	2	2	3	2	1	1	1	3	3	3	3	1	2	3－2
2	1	1	3	2	1	2	2	3	2	1	1	1	3	3	3	3	2	1	3－3
2	1	1	3	2	1	2	2	3	2	1	1	1	3	3	3	3	2	1	1－1
2	1	1	3	2	1	2	2	3	2	1	1	1	3	3	1	1	2	3	3－3
2	1	1	3	2	1	2	2	3	2	1	1	1	3	3	1	1	2	3	1－1
2	1	1	3	2	1	2	2	3	2	1	1	1	3	3	1	1	3	2	1－2
2	1	1	3	2	1	2	2	3	2	1	1	1	3	3	1	1	3	2	2－1
2	1	1	3	2	1	2	2	3	2	1	1	1	1	1	3	3	1	2	2－3
2	1	1	3	2	1	2	2	3	2	1	1	1	1	1	3	3	1	2	3－2
2	1	1	3	2	1	2	2	3	2	1	1	1	1	1	3	3	2	1	3－3
2	1	1	3	2	1	2	2	3	2	1	1	1	1	1	3	3	2	1	1－1
2	1	1	3	2	1	2	2	3	2	1	1	1	1	1	1	1	2	3	3－3
2	1	1	3	2	1	2	2	3	2	1	1	1	1	1	1	1	2	3	1－1
2	1	1	3	2	1	2	2	3	2	1	1	1	1	1	1	1	3	2	1－2
2	1	1	3	2	1	2	2	3	2	1	1	1	1	1	1	1	3	2	2－1
2	1	1	3	2	1	2	3	2	3	3	1	2	3	3	3	3	1	2	2－3
2	1	1	3	2	1	2	3	2	3	3	1	2	3	3	3	3	1	2	3－2
2	1	1	3	2	1	2	3	2	3	3	1	2	3	3	3	3	2	1	3－3
2	1	1	3	2	1	2	3	2	3	3	1	2	3	3	3	3	2	1	1－1
2	1	1	3	2	1	2	3	2	3	3	1	2	3	3	1	1	2	3	3－3
2	1	1	3	2	1	2	3	2	3	3	1	2	3	3	1	1	2	3	1－1
2	1	1	3	2	1	2	3	2	3	3	1	2	3	3	1	1	3	2	1－2
2	1	1	3	2	1	2	3	2	3	3	1	2	3	3	1	1	3	2	2－1
2	1	1	3	2	1	2	3	2	3	3	1	2	1	1	3	3	1	2	1－3
2	1	1	3	2	1	2	3	2	3	3	1	2	1	1	3	3	1	2	3－2
2	1	1	3	2	1	2	3	2	3	3	1	2	1	1	3	3	2	1	3－3
2	1	1	3	2	1	2	3	2	3	3	1	2	1	1	3	3	2	1	1－1
2	1	1	3	2	1	2	3	2	3	3	1	2	1	1	1	1	2	3	3－3
2	1	1	3	2	1	2	3	2	3	3	1	2	1	1	1	1	2	3	1－1
2	1	1	3	2	1	2	3	2	3	3	1	2	1	1	1	1	3	2	1－2
2	1	1	3	2	1	2	3	2	3	3	1	2	1	1	1	1	3	2	2－1
2	1	1	3	2	1	2	3	2	3	3	2	1	3	3	3	3	1	2	2－3
2	1	1	3	2	1	2	3	2	3	3	2	1	3	3	3	3	1	2	3－2
2	1	1	3	2	1	2	3	2	3	3	2	1	3	3	3	3	2	1	3－3
2	1	1	3	2	1	2	3	2	3	3	2	1	3	3	3	3	2	1	1－1
2	1	1	3	2	1	2	3	2	3	3	2	1	3	3	1	1	2	3	3－3
2	1	1	3	2	1	2	3	2	3	3	2	1	3	3	1	1	2	3	1－1
2	1	1	3	2	1	2	3	2	3	3	2	1	3	3	1	1	3	2	1－2
2	1	1	3	2	1	2	3	2	3	3	2	1	3	3	1	1	3	2	2－1
2	1	1	3	2	1	2	3	2	3	3	2	1	1	1	3	3	1	2	2－3
2	1	1	3	2	1	2	3	2	3	3	2	1	1	1	3	3	1	2	3－2
2	1	1	3	2	1	2	3	2	3	3	2	1	1	1	3	3	2	1	3－3
2	1	1	3	2	1	2	3	2	3	3	2	1	1	1	3	3	2	1	1－1
2	1	1	3	2	1	2	3	2	3	3	2	1	1	1	1	1	2	3	3－3
2	1	1	3	2	1	2	3	2	3	3	2	1	1	1	1	1	2	3	1－1
2	1	1	3	2	1	2	3	2	3	3	2	1	1	1	1	1	3	2	1－2
2	1	1	3	2	1	2	3	2	3	3	2	1	1	1	1	1	3	2	2－1

二叉树 A 的值树的 2 ~ 子树及解向量表 19

```
2 1 1 | 3 2 | 1 2 3 2 | 1 1 2 3 3 3 3 3 | 1 2 | 2-3
2 1 1 | 3 2 | 1 2 3 2 | 1 1 2 3 3 3 3 3 | 1 2 | 3-2
2 1 1 | 3 2 | 1 2 3 2 | 1 1 2 3 3 3 3 3 | 2 1 | 3-3
2 1 1 | 3 2 | 1 2 3 2 | 1 1 2 3 3 3 3 3 | 2 1 | 1-1
2 1 1 | 3 2 | 1 2 3 2 | 1 1 2 3 3 3 1 1 2 3 | 3-3
2 1 1 | 3 2 | 1 2 3 2 | 1 1 2 3 3 3 1 1 2 3 | 1-1
2 1 1 | 3 2 | 1 2 3 2 | 1 1 2 3 3 3 1 1 3 2 | 1-2
2 1 1 | 3 2 | 1 2 3 2 | 1 1 2 3 3 3 1 1 3 2 | 2-1
2 1 1 | 3 2 | 1 2 3 2 | 1 1 2 3 1 1 3 3 1 2 | 2-3
2 1 1 | 3 2 | 1 2 3 2 | 1 1 2 3 1 1 3 3 1 2 | 3-2
2 1 1 | 3 2 | 1 2 3 2 | 1 1 2 3 1 1 3 3 2 1 | 3-3
2 1 1 | 3 2 | 1 2 3 2 | 1 1 2 3 1 1 3 3 2 1 | 1-1
2 1 1 | 3 2 | 1 2 3 2 | 1 1 2 3 1 1 1 1 2 3 | 3-3
2 1 1 | 3 2 | 1 2 3 2 | 1 1 2 3 1 1 1 1 2 3 | 1-1
2 1 1 | 3 2 | 1 2 3 2 | 1 1 2 3 1 1 1 1 3 2 | 1-2
2 1 1 | 3 2 | 1 2 3 2 | 1 1 2 3 1 1 1 1 3 2 | 2-1
2 1 1 | 3 2 | 1 2 3 2 | 1 1 3 2 3 3 3 3 1 2 | 2-3
2 1 1 | 3 2 | 1 2 3 2 | 1 1 3 2 3 3 3 3 1 2 | 3-2
2 1 1 | 3 2 | 1 2 3 2 | 1 1 3 2 3 3 3 3 2 1 | 3-3
2 1 1 | 3 2 | 1 2 3 2 | 1 1 3 2 3 3 3 3 2 1 | 1-1
2 1 1 | 3 2 | 1 2 3 2 | 1 1 3 2 3 3 1 1 2 3 | 3-3
2 1 1 | 3 2 | 1 2 3 2 | 1 1 3 2 3 3 1 1 2 3 | 1-1
2 1 1 | 3 2 | 1 2 3 2 | 1 1 3 2 3 3 1 1 3 2 | 1-2
2 1 1 | 3 2 | 1 2 3 2 | 1 1 3 2 3 3 1 1 3 2 | 2-1
2 1 1 | 3 2 | 1 2 3 2 | 1 1 3 2 1 1 3 3 1 2 | 2-3
2 1 1 | 3 2 | 1 2 3 2 | 1 1 3 2 1 1 3 3 1 2 | 3-2
2 1 1 | 3 2 | 1 2 3 2 | 1 1 3 2 1 1 3 3 2 1 | 3-3
2 1 1 | 3 2 | 1 2 3 2 | 1 1 3 2 1 1 3 3 2 1 | 1-1
2 1 1 | 3 2 | 1 2 3 2 | 1 1 3 2 1 1 1 1 2 3 | 3-3
2 1 1 | 3 2 | 1 2 3 2 | 1 1 3 2 1 1 1 1 2 3 | 1-1
2 1 1 | 3 2 | 1 2 3 2 | 1 1 3 2 1 1 1 1 3 2 | 1-2
2 1 1 | 3 2 | 1 2 3 2 | 1 1 3 2 1 1 1 1 3 2 | 2-1
2 1 1 | 3 2 | 2 1 3 3 | 1 2 2 3 2 3 3 3 1 2 | 2-3
2 1 1 | 3 2 | 2 1 3 3 | 1 2 2 3 2 3 3 3 1 2 | 3-2
2 1 1 | 3 2 | 2 1 3 3 | 1 2 2 3 2 3 3 3 2 1 | 3-3
2 1 1 | 3 2 | 2 1 3 3 | 1 2 2 3 2 3 3 3 2 1 | 1-1
2 1 1 | 3 2 | 2 1 3 3 | 1 2 2 3 2 3 1 1 2 3 | 3-3
2 1 1 | 3 2 | 2 1 3 3 | 1 2 2 3 2 3 1 1 2 3 | 1-1
2 1 1 | 3 2 | 2 1 3 3 | 1 2 2 3 2 3 1 1 3 2 | 1-2
2 1 1 | 3 2 | 2 1 3 3 | 1 2 2 3 2 3 1 1 3 2 | 2-1
2 1 1 | 3 2 | 2 1 3 3 | 1 2 2 3 3 2 3 1 1 2 | 2-3
2 1 1 | 3 2 | 2 1 3 3 | 1 2 2 3 3 2 3 3 1 2 | 3-2
2 1 1 | 3 2 | 2 1 3 3 | 1 2 2 3 3 2 3 3 2 1 | 3-3
2 1 1 | 3 2 | 2 1 3 3 | 1 2 2 3 3 2 3 3 2 1 | 1-1
2 1 1 | 3 2 | 2 1 3 3 | 1 2 2 3 3 2 1 1 2 3 | 3-3
2 1 1 | 3 2 | 2 1 3 3 | 1 2 2 3 3 2 1 1 2 3 | 1-1
2 1 1 | 3 2 | 2 1 3 3 | 1 2 2 3 3 2 1 1 3 2 | 1-2
2 1 1 | 3 2 | 2 1 3 3 | 1 2 2 3 3 2 1 1 3 2 | 2-1
```

二叉树A的值树的2～子树及解向量表20

```
2 1 1 3 2   2 1 3 3   1 2   3 2 2 3   3 3   1 2  ┌2—3
2 1 1 3 2   2 1 3 3   1 2   3 2 2 3   3 3   1 2  └3—2
2 1 1 3 2   2 1 3 3   1 2   3 2 2 3   3 3   2 1  ┌3—3
2 1 1 3 2   2 1 3 3   1 2   3 2 2 3   3 3   2 1  └1—1
2 1 1 3 2   2 1 3 3   1 2   3 2 2 3   1 1   2 3  ┌3—3
2 1 1 3 2   2 1 3 3   1 2   3 2 2 3   1 1   2 3  └1—1
2 1 1 3 2   2 1 3 3   1 2   3 2 2 3   1 1   3 2  ┌1—2
2 1 1 3 2   2 1 3 3   1 2   3 2 2 3   1 1   3 2  └2—1
2 1 1 3 2   2 1 3 3   1 2   3 2 3 2   3 3   1 2  ┌2—3
2 1 1 3 2   2 1 3 3   1 2   3 2 3 2   3 3   1 2  └3—2
2 1 1 3 2   2 1 3 3   1 2   3 2 3 2   3 3   2 1  ┌3—3
2 1 1 3 2   2 1 3 3   1 2   3 2 3 2   3 3   2 1  └1—1
2 1 1 3 2   2 1 3 3   1 2   3 2 3 2   1 1   2 3  ┌3—3
2 1 1 3 2   2 1 3 3   1 2   3 2 3 2   1 1   2 3  └1—1
2 1 1 3 2   2 1 3 3   1 2   3 2 3 2   1 1   3 2  ┌1—2
2 1 1 3 2   2 1 3 3   1 2   3 2 3 2   1 1   3 2  └2—1
2 1 1 3 2   2 1 3 3   2 1 3 3   2 3   3 3   1 2  ┌2—3
2 1 1 3 2   2 1 3 3   2 1 3 3   2 3   3 3   1 2  └3—2
2 1 1 3 2   2 1 3 3   2 1 3 3   2 3   3 3   2 1  ┌3—3
2 1 1 3 2   2 1 3 3   2 1 3 3   2 3   3 3   2 1  └1—1
2 1 1 3 2   2 1 3 3   2 1 3 3   2 3   1 1   2 3  ┌3—3
2 1 1 3 2   2 1 3 3   2 1 3 3   2 3   1 1   2 3  └1—1
2 1 1 3 2   2 1 3 3   2 1 3 3   2 3   1 1   3 2  ┌1—2
2 1 1 3 2   2 1 3 3   2 1 3 3   2 3   1 1   3 2  └2—1
2 1 1 3 2   2 1 3 3 2 1   1 1 2 3   3 3   1 2  ┌2—3
2 1 1 3 2   2 1 3 3 2 1   1 1 2 3   3 3   1 2  └3—2
2 1 1 3 2   2 1 3 3 2 1   1 1 2 3   3 3   2 1  ┌3—3
2 1 1 3 2   2 1 3 3 2 1   1 1 2 3   3 3   2 1  └1—1
2 1 1 3 2   2 1 3 3 2 1   1 1 2 3   1 1   2 3  ┌3—3
2 1 1 3 2   2 1 3 3 2 1   1 1 2 3   1 1   2 3  └1—1
2 1 1 3 2   2 1 3 3 2 1   1 1 2 3   1 1   3 2  ┌1—2
2 1 1 3 2   2 1 3 3 2 1   1 1 2 3   1 1   3 2  └2—1
2 1 1 3 2   2 1 3 3 2 1   1 1 3 2   3 3   1 2  ┌2—3
2 1 1 3 2   2 1 3 3 2 1   1 1 3 2   3 3   1 2  └3—2
2 1 1 3 2   2 1 3 3 2 1   1 1 3 2   3 3   2 1  ┌3—3
2 1 1 3 2   2 1 3 3 2 1   1 1 3 2   3 3   2 1  └1—1
2 1 1 3 2   2 1 3 3 2 1   1 1 3 2   1 1   2 3  ┌3—3
2 1 1 3 2   2 1 3 3 2 1   1 1 3 2   1 1   2 3  └1—1
2 1 1 3 2   2 1 3 3 2 1   1 1 3 2   1 1   3 2  ┌1—2
2 1 1 3 2   2 1 3 3 2 1   1 1 3 2   1 1   3 2  └2—1
2 1 1 3 2   2 1 3 3 2 1 1 1 3 2   3 2   1 2  ┌2—3
2 1 1 3 2   2 1 3 3 2 1 1 1 3 2   3 2   1 2  └3—2
2 1 1 3 2   2 1 3 3 2 1 1 1 3 2   3 2   2 1  ┌3—3
2 1 1 3 2   2 1 3 3 2 1 1 1 3 2   3 2   2 1  └1—1
2 1 1 3 2   2 1 3 3 2 1 1 1 3 2   1 2   2 3  ┌3—3
2 1 1 3 2   2 1 3 3 2 1 1 1 3 2   1 2   2 3  └1—1
2 1 1 3 2   2 1 3 3 2 1 1 1 3 2   1 3   2  ┌1—2
2 1 1 3 2   2 1 3 3 2 1 1 1 3 2   1 3   2  └2—1
```

二叉树A的值树的2～子树及解向量表21

```
2 1 1 3 2 2 1   1 1 2 3 3 3 2 3 3 3 1 2   2—3
2 1 1 3 2 2 1   1 1 2 3 3 3 2 3 3 3 1 2   3—2
2 1 1 3 2 2 1   1 1 2 3 3 3 2 3 3 3 2 1   3—3
2 1 1 3 2 2 1   1 1 2 3 3 3 2 3 3 3 2 1   1—1
2 1 1 3 2 2 1   1 1 2 3 3 3 2 3 1 1 2 3   3—3
2 1 1 3 2 2 1   1 1 2 3 3 3 2 3 1 1 2 3   1—1
2 1 1 3 2 2 1   1 1 2 3 3 3 2 3 1 1 3 2   1—2
2 1 1 3 2 2 1   1 1 2 3 3 3 2 3 1 1 3 2   2—1
2 1 1 3 2 2 1   1 1 2 3 3 3 3 2 3 3 1 2   2—3
2 1 1 3 2 2 1   1 1 2 3 3 3 3 2 3 3 1 2   3—2
2 1 1 3 2 2 1   1 1 2 3 3 3 3 2 3 3 2 1   3—3
2 1 1 3 2 2 1   1 1 2 3 3 3 3 2 3 3 2 1   1—1
2 1 1 3 2 2 1   1 1 2 3 3 3 3 2 1 1 2 3   3—3
2 1 1 3 2 2 1   1 1 2 3 3 3 3 2 1 1 2 3   1—1
2 1 1 3 2 2 1   1 1 2 3 3 3 3 2 1 1 3 2   1—2
2 1 1 3 2 2 1   1 1 2 3 3 3 3 2 1 1 3 2   2—1
2 1 1 3 2 2 1   1 1 2 3 1 1 2 3 3 3 1 2   2—3
2 1 1 3 2 2 1   1 1 2 3 1 1 2 3 3 3 1 2   3—2
2 1 1 3 2 2 1   1 1 2 3 1 1 2 3 3 3 2 1   3—3
2 1 1 3 2 2 1   1 1 2 3 1 1 2 3 3 3 2 1   1—1
2 1 1 3 2 2 1   1 1 2 3 1 1 2 3 1 1 2 3   3—3
2 1 1 3 2 2 1   1 1 2 3 1 1 2 3 1 1 2 3   1—1
2 1 1 3 2 2 1   1 1 2 3 1 1 2 3 1 1 3 2   1—2
2 1 1 3 2 2 1   1 1 2 3 1 1 2 3 1 1 3 2   2—1
2 1 1 3 2 2 1   1 1 2 3 1 1 3 2 3 3 1 2   2—3
2 1 1 3 2 2 1   1 1 2 3 1 1 3 2 3 3 1 2   3—2
2 1 1 3 2 2 1   1 1 2 3 1 1 3 2 3 3 2 1   3—3
2 1 1 3 2 2 1   1 1 2 3 1 1 3 2 3 3 2 1   1—1
2 1 1 3 2 2 1   1 1 2 3 1 1 3 2 1 1 2 3   3—3
2 1 1 3 2 2 1   1 1 2 3 1 1 3 2 1 1 2 3   1—1
2 1 1 3 2 2 1   1 1 2 3 1 1 3 2 1 1 3 2   1—2
2 1 1 3 2 2 1   1 1 2 3 1 1 3 2 1 1 3 2   2—1
2 1 1 3 2 2 1   1 1 3 2 1 2 2 3 3 3 1 2   2—3
2 1 1 3 2 2 1   1 1 3 2 1 2 2 3 3 3 1 2   3—2
2 1 1 3 2 2 1   1 1 3 2 1 2 2 3 3 3 2 1   3—3
2 1 1 3 2 2 1   1 1 3 2 1 2 2 3 3 3 2 1   1—1
2 1 1 3 2 2 1   1 1 3 2 1 2 2 3 1 1 2 3   3—3
2 1 1 3 2 2 1   1 1 3 2 1 2 2 3 1 1 2 3   1—1
2 1 1 3 2 2 1   1 1 3 2 1 2 2 3 1 1 3 2   1—2
2 1 1 3 2 2 1   1 1 3 2 1 2 2 3 1 1 3 2   2—1
2 1 1 3 2 2 1   1 1 3 2 1 2 3 2 3 3 1 2   2—3
2 1 1 3 2 2 1   1 1 3 2 1 2 3 2 3 3 1 2   3—2
2 1 1 3 2 2 1   1 1 3 2 1 2 3 2 3 3 2 1   3—3
2 1 1 3 2 2 1   1 1 3 2 1 2 3 2 3 3 2 1   1—1
2 1 1 3 2 2 1   1 1 3 2 1 2 3 2 1 1 2 3   3—3
2 1 1 3 2 2 1   1 1 3 2 1 2 3 2 1 1 2 3   1—1
2 1 1 3 2 2 1   1 1 3 2 1 2 3 2 1 1 3 2   1—2
2 1 1 3 2 2 1   1 1 3 2 1 2 3 2 1 1 3 2   2—1
```

二叉树A的值树的2～子树及解向量表 22

2	1	1	3	2	2	1	1	1	3	2	2	1	2	3	3	3	1	2	┌ 2 － 3
2	1	1	3	2	2	1	1	1	3	2	2	1	2	3	3	3	1	2	└ 3 － 2
2	1	1	3	2	2	1	1	1	3	2	2	1	2	3	3	3	2	1	┌ 3 － 3
2	1	1	3	2	2	1	1	1	3	2	2	1	2	3	3	3	2	1	└ 1 － 1
2	1	1	3	2	2	1	1	1	3	2	2	1	2	3	1	1	2	3	┌ 3 － 3
2	1	1	3	2	2	1	1	1	3	2	2	1	2	3	1	1	2	3	└ 1 － 1
2	1	1	3	2	2	1	1	1	3	2	2	1	2	3	1	1	3	2	┌ 1 － 2
2	1	1	3	2	2	1	1	1	3	2	2	1	2	3	1	1	3	2	└ 2 － 1
2	1	1	3	2	2	1	1	1	3	2	2	1	3	2	3	3	1	2	┌ 2 － 3
2	1	1	3	2	2	1	1	1	3	2	2	1	3	2	3	3	1	2	└ 3 － 2
2	1	1	3	2	2	1	1	1	3	2	2	1	3	2	3	3	2	1	┌ 3 － 3
2	1	1	3	2	2	1	1	1	3	2	2	1	3	2	3	3	2	1	└ 1 － 1
2	1	1	3	2	2	1	1	1	3	2	2	1	3	2	1	1	2	3	┌ 3 － 3
2	1	1	3	2	2	1	1	1	3	2	2	1	3	2	1	1	2	3	└ 1 － 1
2	1	1	3	2	2	1	1	1	3	2	2	1	3	2	1	1	3	2	┌ 1 － 2
2	1	1	3	2	2	1	1	1	3	2	2	1	3	2	1	1	3	2	└ 2 － 1

索　引